U0380316

从文化线路到文化网络

——大运河（鲁苏浙段）特色历史城镇发展战略研究

姚子刚　高嫒婧 ◎ 著

东南大学出版社

SOUTHEAST UNIVERSITY PRESS

·南京·

图书在版编目（CIP）数据

从文化线路到文化网络：大运河（鲁苏浙段）特色历史城镇发展战略研究 / 姚子刚，高媛婧著 . — 南京：东南大学出版社，2024.7

ISBN 978-7-5766-1113-7

Ⅰ. ①从… Ⅱ. ①姚… ②高… Ⅲ. ①大运河-古城-保护-研究-中国 Ⅳ. ①TU984.2

中国国家版本馆 CIP 数据核字（2023）第 252892 号

责任编辑：杨　凡　　责任校对：张万莹　　封面设计：毕　真　　责任印制：周荣虎

从文化线路到文化网络——大运河（鲁苏浙段）特色历史城镇发展战略研究
Cong Wenhua Xianlu Dao Wenhua Wangluo——Dayunhe（Lu-Su-Zhe Duan）
Tese Lishi Chengzhen Fazhan Zhanlüe Yanjiu

著　　者	姚子刚　高媛婧
出版发行	东南大学出版社
出 版 人	白云飞
社　　址	南京市四牌楼 2 号（邮编：210096）
网　　址	http://www.seupress.com
经　　销	全国各地新华书店
印　　刷	广东虎彩云印刷有限公司
开　　本	700 mm×1 000 mm　1/16
印　　张	13.5
字　　数	248 千字
版　　次	2024 年 7 月第 1 版
印　　次	2024 年 7 月第 1 次印刷
书　　号	ISBN 978-7-5766-1113-7
定　　价	69.00 元

本社图书若有印装质量问题，请直接与营销部联系，电话：025 - 83791830。

序 PREFACE

大运河有悠久的历史，沟通了祖国南北，千百年来对维系国家经济命脉发挥了重要作用。大运河济宁以南段，是延续至今持续通航的活态运河，不仅继续肩负水运的责任，更是江南农田灌溉之源。此外，该段运河是由很多河道组成的，比如在南浔有三条河道，既方便了交通，也满足了人们日常生活和河道分流的需要。因此，该段大运河具有突出的实用价值与文化意义，催生了包括济宁、淮安、扬州、苏州、杭州、宁波在内的众多重要城市，并使沿线物质得以丰富、交通得以便利、文化得以交流。在经济社会快速发展的今天，该段历史文化城镇村已成为重要的文化资源。在保护这些宝贵历史文化遗产的同时，我们更需要面向未来，使之成为生长新东西的沃土和源泉。

姚子刚博士是我的学生，他长期致力于大运河文化遗产及城乡聚落的相关研究。本书通过梳理大运河济宁以南段与沿运历史城镇演变脉络，指出大运河（鲁苏浙段）是以区域水网为代表、反映流经区域开发与繁荣过程的遗产网络，从而提出"从文化线路到文化网络"的研究视角，从共时性和历时性的维度，构建了"生态、社会、经济、文化、空间"五个维度的格局分析、整体保护与发展框架，为大运河文化带特色历史城镇的建设提出一个新的视角和路径，具有很好的理论创新意义和现实指导意义。

尊重和研究过去，才能有更好的未来。本书有广度、有深度，是一本很好的研究文集，有益于历史文化遗产保护领域跨学科的交叉融合，也有助于大运河区域可持续发展，以建构并完善符合中国国情、彰显文化自信的文化遗产保护传承体系。

阮仪三

2023 年 11 月 16 日

前言 FOREWORD

　　中共中央办公厅、国务院办公厅印发的《大运河文化保护传承利用规划纲要》指出，大运河文化带建设应"以大运河文化保护传承利用为引领，统筹大运河沿线区域经济社会发展"。大运河（鲁苏浙段）至今一直持续通航，作为"活态运河"，具有突出的实用价值与文化意义。同时，大运河（鲁苏浙段）特色历史城镇作为特殊文化遗产，既是活态运河文化传承的空间载体，又是区域社会经济发展的核心，成为协调活态运河文化遗产保护与区域经济社会发展的重要交涉点。因此，对大运河（鲁苏浙段）特色历史城镇发展战略的研究，是平衡二者间关系、推动大运河文化带可持续发展的重要途径。

　　首先，本书从大运河（鲁苏浙段）遗产特征分析入手，指出大运河（鲁苏浙段）作为活态运河，始终与沿岸城镇保持着密切的物质交换，影响着沿岸城镇的社会经济发展。在此基础上，通过梳理大运河（鲁苏浙段）水道及特色历史城镇的历史脉络，指出大运河（鲁苏浙段）是一个以区域水网为代表、反映流经区域开发与繁荣过程的遗产网络，现有线性文化遗产保护方法尚不能完全满足活态运河的遗产保护需求，并借鉴"文化线路""线性文化遗产""遗产廊道"等相关理论与实践，进一步将其拓展为"文化网络"。

其次，本书提出文化网络具有"显性—隐性"两大属性，应从"共时性—历时性"维度，以"历史资料研究—历史信息转译—建立空间格局—模式类型重组"的整体研究思路，基于"生态、社会、经济、文化、空间"五个维度构建大运河（鲁苏浙段）文化网络研究框架，并进一步通过文献研究法和历史信息转译法构建其显性网络，通过类型学研究法构建其隐性网络。

再次，本书基于大运河（鲁苏浙段）文化网络的整体保护需求与大运河文化带建设目标，剖析以省为单元推进文化保护传承利用工作的具体问题，努力构建完整且有机统一的"生态治理、社会发展、产业合作、文化共治、空间共融"五维一体跨域协同治理机制，以实现大运河文化带（鲁苏浙段）的整体保护发展。

最后，基于跨域协同治理机制的构建，本书通过社会网络分析法建立城市空间拓扑关联模型，以定量分析为主要形式，直观展现大运河文化带（鲁苏浙段）特色历史城镇在"生态、社会、经济、文化、空间"方面的发展现状与具体问题，并针对各方面问题提出初步发展策略，最终整合为"一轴两环、四大高地、八大片区、五大组群"的总体战略布局，为大运河文化带（鲁苏浙段）特色历史城镇的保护发展提供一条可循的路径。

目 录 CONTENTS

第 1 章

绪　论

1.1 研究背景

2014 年 6 月 22 日，"中国大运河"跨省项目成功列入《世界遗产名录》（World Heritage List）。中国大运河全长 3 211 千米，入选遗产河道长 1 011 千米，流经国内 6 个省、2 个直辖市的 27 座城市[1]。然而，大运河申遗的成功并非终点。在"后申遗"时期，如何充分发挥大运河的历史与现实价值，成为中华民族发展史上的关键议题之一。

党的十八大以来，党中央对运河文化的保护与传承利用作出重要指示，习近平总书记指出："大运河是祖先留给我们的宝贵遗产，是流动的文化，要统筹保护好、传承好、利用好。"[2] 2019 年 2 月，由中共中央办公厅、国务院办公厅印发的《大运河文化保护传承利用规划纲要》（以下简称《规划纲要》）作为我国第一个以文化为引领的区域规划正式面世[3]。《规划纲要》指出，大运河作为一个具有整体性、联通性和连续性的开放巨系统，正面临遗产保护压力巨大、传承利用质量不高、资源环境形势严峻、生态空间挤占严重、合作机制亟待加强等突出问题[2]。近年来，各界学者也广泛开展对大运河文化带沿岸城市"文化、生态、旅游"三大系统协调发展水平的量化研究，指出大运河沿岸地区普遍存在文化发展不平衡、生态发展滞后的共性问题[4-6]。同时，伴随经济的强势增长与城市化进程的不断加快，运河沿岸以"商业化""人工化""城镇化"为特征、以牺牲地方文化特色为代价的城市建设活动大量涌现，层出不穷的"模式化建设""建设性破坏"现象导致文化遗产原生环境的真实性、完整性与可持续性岌岌可危，区域社会经济发展和文化遗产保护的矛盾愈意加尖锐[7-8]。

对此，《规划纲要》提出，应以大运河文化保护传承利用为引领，统筹沿线区域经济社会发展，探索高质量发展的新路径。在文化引领层面，强调应基于对大运河文化内涵和外延的充分理解，突出大运河的历史脉络和当代价值；对于推动区域经济社会的发展，指出可以从"强化文化遗产保护传承、推进河道水系治理管护、加强生态环境保护修复、推动文化和旅游融合发展、促进城乡区域统筹协调、创新保护传承利用机制"等方面着手，构建"河为线、城为珠、线串珠、珠带面"的空间发展格局，为区域文化与经济一体化发展指明具体方向[2]。

与此同时，由国家发展改革委牵头会同相关部门编制的《大运河文化保护传承利用"十四五"实施方案》（以下简称《实施方案》），明确了"强化文化遗产保护传承、开展生态环境保护修复、推进运河航运转型提升、促进文化旅游融合发展"四个方面的主要任务。在文化遗产保护传承方面，明确了加强文化遗产系统保护、保护沿线名城名镇名村、增强文化遗产传承活力、挖掘文化遗产时代价值等四个领域的十四项任务[9]。《实施方案》与《规划纲要》使与大运河相关的城、镇、村真正成为运河文化遗产保护和区域经济社会发展的重要交涉点。

放眼中国大运河，仅有鲁南、苏、浙段一直持续通航，以"使用"与"流动"等活态特性延续着运河的原始功能，持续影响着沿岸地区的社会经济发展与文明进程。因运而生、因运而兴的城、镇、村作为特殊的运河文化遗产，既是活态运河发展的见证者、运河文化的传承者，也是区域经济社会发展的主体。

在文化遗产保护重视区域化、整体性的国际学术语境、传统村落集中连片保护利用和大运河国家文化公园建设的时代背景下，研究大运河（鲁苏浙段）特色历史城镇的保护发展，深入挖掘沿大运河城、镇、村的运河文化资源，建立区域社会与活态运河的可持续良性互动发展机制，是平衡文化遗产保护和区域经济发展关系、推动大运河文化带建设的重要途径，同时也保障了大运河国家文化公园建设，以助力区域可持续发展，铸牢中华民族共同体意识，建构完善且符合中国国情、彰显文化自信的文化遗产保护传承体系。

1.2　研究目的与意义

1.2.1　研究目的

本书紧密结合《规划纲要》对大运河文化带建设工作的具体指示，选取具有活态特性的大运河（鲁苏浙段）以及相关城、镇、村为主要研究对象，指出在大运河（鲁苏浙段）的历史演进过程中，因活态运河而生的城、镇、村成为运河生态资源、社会资源、产业资源、文化资源的主要载体。在建立于中国文明特征之上的遗产保护视角下，如何通过运河文化资源的盘整，找准沿运城、镇、村的发展定位,建立"生态治理、社会发展、产业合作、文化共治、空间共融"五维一体的可持续发展战略,实现大运河文化带(鲁苏浙段)在文化引领下的区域社会经济共建、共荣目标,是本书的主要目的。

1.2.2 研究意义

(1) 理论意义

① 对大运河(鲁苏浙段)特色历史城、镇、村的多层次、整体性时空演变研究进行系统性补充。本书基于古籍、史志等资料,从活态运河区域社会的生态变迁、制度沿革、产业发展、文化衍生等层次,对相关城、镇、村的时空演进过程进行整体性研究。在历史研究的基础上,又进一步将所获信息转译于现代城市空间,直观展现相关城、镇、村作为活态运河文化传承者的主体地位与重要价值。同时,研究也更为深入地阐明了活态运河与相关城、镇、村在文化、生态、社会、经济发展进程中的内在关联,对历史中不同区域板块城、镇、村之间相似或相异的模式及内在发展机制进行分类总结,以充分理解大运河文化的内涵,对重构活态运河区域社会记忆、建立文化共识具有重要意义。

② 将线性文化遗产扩展为大运河文化网络,完善文化网络的整体研究框架。"文化引领"和"区域社会经济发展"是大运河文化带建设的主要目标。在现有基于线性文化遗产保护方法的大运河文化遗产保护相关研究与具体实践中,不少学者已经意识到了西方线性遗产保护视角下将运河文化与区域文化、运河主航道与支流水系分立探讨的研究尚有待拓展,在研究中形成了将运河遗产与区域社会融合、将运河文明深植于历史根基或建立于中国文明特征下的文化遗产保护视角。董卫提出的文化网络概念更加证实这一视角的合理性与正确性,但目前,尚少有学者对这一概念的系统化发展进行深入探讨。基于此,本书在文化生态视角下,通过对大运河(鲁苏浙段)文化网络属性、研究层次与具体研究内容、研究路径的系统探寻,构建大运河(鲁苏浙段)文化网络的整体研究框架,丰富大运河(鲁苏浙段)文化遗产保护研究的整体性探索。

③ 基于大运河文化带(鲁苏浙段)整体保护发展的要求,通过跨域协同治理机制构建,提出大运河文化带(鲁苏浙段)区域发展战略。活态运河纵贯鲁、苏、浙三省,然而,当下以省级行政边界为基准划定保护范围的文化遗产保护工作,难以最大化发挥大运河文化带(鲁苏浙段)文化遗产与区域社会统筹发展的

整体性价值。基于这一认知，本书对国内外典型的跨区域协同治理经验进行系统梳理，以大运河文化带（鲁苏浙段）的发展目标为基础，构建由政府主导、自上而下与自下而上相结合、"生态、社会、经济、文化、空间"五维一体的跨域协同治理机制，进一步制定完整且有机统一的"生态治理、社会发展、产业合作、文化共治、空间共融"发展战略，对大运河文化带（鲁苏浙段）建设做出初步尝试，以期形成可行性探索。

（2）现实意义

就国家层面而言，本书充分利用运河文化资源，将活态运河融入现代社会，在"历史—当下""农耕文明—工业文化"的交叠中，积极推动基于活态运河整体性保护发展的跨区域协同治理模式探索，是促进区域社会经济与运河遗产保护可持续良性互动发展、助推大运河成为汇集国家民族精神的文化标识、建立大运河国际遗产话语权的有力实践。就地方层面而言，大运河文化带（鲁苏浙段）建设有助于促进区域社会基础设施建设的不断完善与人民生活水平的提高，将社会文化生活、生态环境与居民公共生活需求融合，对重拾运河文化记忆、构建运河文化认同有重要意义。本书以自上而下与自下而上共促、共赢的方式，期冀从更为广阔的世界观层面实现大运河文化带（鲁苏浙段）"生态、社会、经济、文化、空间"协同共进的发展目标。

1.3 相关研究综述

1.3.1 大运河文化遗产保护相关研究综述

自 2005 年起，在罗哲文、郑孝燮等学者的倡导下，中国大运河的保护与申遗工作全面开启，并最终于 2014 年成功申遗。在此期间，学界多通过"遗产廊道、文化线路、线性文化遗产"三种既成的概念开展大运河文化遗产保护的相关研究，积累了众多的文化遗产保护研究成果，为大运河文化带的建设与发展打下了坚实的理论基础与实践基础。

（1）大运河文化遗产保护的相关理论

遗产廊道。遗产廊道（Heritage Corridor）源于美国，是对历史文化遗产及区域内自然生态、文化景观、社会经济的综合保护方法[10]。从价值与资源方面理解，其主要包含因人类活动形成，且由自然、文化、历史、风景等资源组成，在某方面具有独特性的国家景观。这些因人类活动形成的物质资源以及蕴含在其中的传统文化、民俗风情，在某种意义上成为国家历史的见证者[11]。从旅游规划、经济发展等功能性角度理解，遗产廊道是拥有特殊文化资源集合的线性景观，其以经济振兴为目标，通常带有明显的经济中心、蓬勃发展的旅游、老建筑的适应性再利用、娱乐及环境的改善，是美国基于本国国情提出的战略性保护方法[12]。1984 年，伊利诺伊和密歇根运河国家遗产廊道（Illinois and Michigan Canal National Heritage Corridor）成为第一个通过美国国会立法的国家遗产廊道，标志着这一概念的正式成立。2000 年，《伊利运河国家遗产廊道法案》提出总体遗产廊道保护与管理体系，进而在 2006 年，在国家公园署（National Park Service，NPS）的支持下颁布了《伊利运河国家遗产廊道保护与管理规划》，系统性制定遗产廊道整体规划的六大目标[13]。总体而言，按照等级划分，遗产廊道可以分为国家级与州、县级；按照主题划分，可以分为文化遗产廊道、运河遗产廊道、山岳遗产廊道等，以"历史重要性、建筑或工程上的重要性、自然文化资源的重要性、经济重要性"为主要判别标准[14]。2001 年，北京大学的王志芳和孙鹏学者将这一概念引入中国，并发表论文《遗产廊道———一种较新的遗产保护方法》，成为中国学术界关于遗产廊道的开山之作。文章介绍了遗产廊道的概念、特点、判定标准，美国的相关立法与管理举措，遗产廊道的规划要点，提出京杭大运河具有成为中国特色遗产廊道的实力，促进了以旅游与经济发展为主体视角的大运河文化遗产保护研究与实践全面开展[15]。

文化线路。文化线路于二十世纪六七十年代起源于欧洲，以 1993 年、2008 年两个时间点为主要发展节点。1994 年，在马德里召开的文化线路世界遗产专家会议上，首次明确提出了"文化线路（Cultural Routes）"概念。在此之前，除欧盟委员会于 1987 年曾对"以旅游为视角的文化线路"进行过初步阐释，西方对这一理论概念、研究方法及组织方式均未形成明确定义。2002 年，在西班牙马德里召开的国际古迹遗址理事会（ICOMOS）第 13 届大会以及同时由文化线路科学委员会（CIIC）召开的国际研讨会通过了《马德里会议考虑及建议》，首次明确提出"无形的精神所具有的内在联结的多种文化要素会促进文化线路整体性形成"的观点。2003 年，联合国教科文组织（UNESCO）提议将文化线路列入《操作指南》，定义文化线路"是一种陆地道路、水道或者混合类型的通道，其形态特征的定型和形成基于它自身具体的和历史的动态发展和功能演变；它代表了人们的迁徙和流动，代表了一定时间内国家和地区内部或国家和地区之间人们的交往，代表了多维度的商品、思想、知识和价值的互惠和持续不断的交流；它代表了因此产生的文化在时间和空间上的交流与相互滋养，这些滋养长期以来通过物质和非物质遗产不断地得到体现"[16]。2008 年，于魁北克召开的 ICOMOS 第 16 届大会颁布《文化线路宪章》（以下简称《宪章》），正式确认了文化线路的定义、识别标准、价值评估和遗产认定等理论核心内容，标志着文化线路正式成为世界遗产保护的新领域。《宪章》明确了文化线路的主要保护对象必须兼具物质与非物质遗产两种要素。物质遗产要素包括线路本身和与线路历史功能相关的物质遗产，决定并见证了交流线路本身的存在；非物质遗产要素赋予文化线路整体文化意义，体现线路上文化的流动[17]。相较于遗产廊道，文化线路更注重文化意义和社会意义的严格性[18]。21 世纪初期，单霁翔（2009）、阮仪三（2008）、陈怡（2010）等学者提出以"文化线路"作为大运河特质识别的理论指导，推动了以文化价值为主体视角的大运河遗产保护研究全面开展[19-21]。

线性文化遗产。2006 年，单霁翔提出线性文化遗产概念，线性文化遗产指因人类特定目的形成、拥有特殊文化资源集合的线形或带状区域内的物质和非物质文化遗产族群，是将原本不关联的城、镇、村串联成链状的文化遗存，以再现历史上的人类活动、物质和非物质文化的交流互动[18]。单霁翔也曾多次指出，京杭大运河连接着沿线众多城市的社会经济发展和社会记忆，是中国具有代表性的线性文化遗产[19,22]。2019 年，王引对这一概念进行进一步阐释，指出线性文化遗产具备狭义和广义双重理解方式，狭义的线性文化遗产即将"单体"文化遗产拓展为"带状"遗产区域，广义的线性文化遗产强调文化遗产选择中的文化关联性，将线性文化遗产视为一张包含各要素的大网，涉及文化遗产保护与利用的所有内容[23]。近年来，也有学者从遗产保护的旅游发展层面对线性文化遗产进行界定。张书颖等（2023）认为线性文化遗产是以保护、传承人类的物质与非物质遗产为主要目的，依托河流、峡谷、交通线等线性空间，串联与展示相关线性与带状遗产区域的主题与功能，还原或再现过往人类活动的文化遗产族群[24]。

（2）大运河文化遗产保护的理论研究与相关实践综述

① 遗产廊道视角下对大运河文化遗产保护理论框架的构建与相关实践

初期，大运河遗产廊道的建立大多带有较为强烈的生态保护导向。21 世纪初，以俞孔坚、李伟、李迪华三位学者为主要核心开展的运河遗产廊道研究为运河保护工作提供了框架参考。2004年，李伟与俞孔坚学者从"大运河的价值认知、大运河整体保护研究的初步理论框架、大运河整体保护战略对策"三个层面，分析大运河遗产廊道具有的文化意义和对当代区域景观的生态战略意义，提出在宏观层面应基于运河文化的价值和评价制定运河遗产廊道的整体保护战略，在微观层面应制定单体和群体文化遗产的保护设计导则[25]。同年，在《论大运河区域生态基础设施战略和实施途径》中指出，大运河主干道、支流作为廊道，与沿岸城镇、湖泊、农田共同组成了区域的运河景观生态系统，拥有丰富的湿地生态系统和遗产资源，对中国东部区域景观安全格局、区域生态基础设施的建设有战略性意义[26]。

2008年前后，运河遗产廊道逐渐关注到运河文化与区域生态的互动过程。俞孔坚、李迪华、李伟三位学者强调，要考虑大运河和与之相连的历史文化、生态系统、社会经济系统，从历史、现实与未来的多个视角，探究京杭大运河满足人类活动和潜在需求的过程，提出大运河在"作为文化遗产资源、作为区域城乡生产与生活基础设施、作为中国东部国土生态安全和可持续发展的生态基础、作为战略性休闲游憩廊道"四方面的主体价值[27]。2010年，俞孔坚和奚雪松基于发生学构建运河遗产廊道演进模型，探究大运河自然系统、遗产系统、支持系统在不同时空中受主导文化发展趋势影响而形成的发展规律与价值特征，构建了基于互动性时空要素的遗产廊道历史研究视角，是大运河遗产廊道生态与人地关系结合的初步尝试[28]。在先前的研究基础上，《京杭大运河国家遗产与生态廊道》于2012年出版。该书基于大运河的发展现状与历史演变，从"概念内涵、理论框架、构成判别、构成评估、保护与管理"五个方面构建了大运河遗产廊道的理论框架。自此，运河遗产廊道从对单一自然或者文化对象的关注，走向了将自然与文化共同纳入遗产保护框架的发展历程[29]。

在大运河的"后申遗"时期，运河遗产廊道的经济职能显著增强，学者多从探讨理论框架转为研究发展策略。龚道德关注到了运河区域振兴的需要，提出用遗产保护复兴经济，通过对美国运河廊道"管理目标、行动策略、管理框架、运作机制、运作过程"的深入剖析，探索中国运河区域整合保护发展的策略[14]。朱永杰和王亚男通过梳理北京古运河开凿的历史演变，探讨了北京古运河对北京城市多层次空间结构的影响，提出基于遗产廊道视角，深入挖掘运河文化带历史文化价值、针对运河文化带遗产进行分类保护、建设运河文化带生态环境、培育大运河文化品牌形象等可行性策略[30]。

在大运河遗产廊道理论的相关实践应用方面。运河遗产廊道的理论实践多应用层次分析法（AHP）、地理信息技术（GIS）等研究方法，以"遗产资源登陆与评价—环境适宜性评估—廊道空间格局整合"为基准、定性与定量分析相结合的综合手段进行遗产廊道的整体构建。总体而言，形成"遗产判别与评估、遗产保护范围划定"两大主要方向。在遗产保护范围划定研究中，李春波和朱强较早地讨论了合理确认遗产廊道宽度的技术策略，用 GIS 距离分析工具对京杭大运河（天津段）沿岸历史文化遗产点相对运河的分布特性进行图示分析，基于遗产保护高效性确认运河遗产廊道的单侧宽度[31]。王健基于文化遗产点与运河交通运输活动的关联性，对文化遗产空间分布进行划定，划分文化遗产核心区、中心区和影响辐射区[32]。王建华和仇志斐利用 CHGIS V6 获得沧州段运河古城镇和河道数据，通过缓冲带分析将运河两岸 2 km 划为古城镇分布核心区，以 3～4 km为廊道边界[33]。王凯伦等选取苏州古城段运河相关遗产资源 126 项，通过空间分布特征与建设适宜性分析，划定宽度为 1.6～2.8 km、总长度为 65.2 km 的遗产廊道范围[34]。在遗产判别与评估研究中，殷明和奚雪松基于清口枢纽地区的运河文化遗产，构建运河水利工程故事解说的完整体系，实现运河单点遗产的串联[35]。张飞等对大运河全域游憩空间的范围及层次进行研究[36]，2020 年，进一步采用层次分析法对 27 段遗产河道的游憩利用适宜性进行评价，发现游憩利用适宜度较高的遗产河道均位于通水通航河段，为国家文化公园建设提供了科学依据[37]。

② 文化线路视角下对大运河文化遗产保护理论框架的构建与相关实践

在文化线路引入伊始，各界学者即将大运河作为国内典型的文化线路之一，开启了基于大运河文化探寻的遗产保护历程，形成"以水利功能为中心、以漕运文化为中心、以区域文化为中心"的三种主要视角。

以水利功能为中心的大运河文化遗产保护。朱晗、赵荣、王景慧等将大运河文化遗产分为"大运河水利工程及相关文化遗产、大运河聚落遗产、大运河本体或其他物质文化遗产、大运河生态与景观环境遗产"，构建以大运河水利文化为核心的遗产集群。王景慧将大运河文化遗产分为"生态环境、运河工程、城乡建筑、非物质文化遗产"四个层次，通过层层叠加构建多层次的复合型文化线路[38,39]。

以漕运文化为中心的大运河文化遗产保护。陈怡、王建波等均以大运河的

"漕运文化"为中心划定大运河文化遗产的保护体系。陈怡指出，漕运是大运河的主要功能，应以漕运为线索研究大运河各段的文化交流方式与文化特色[20]。王建波和阮仪三强调，京杭大运河以漕运文化为特色，可以通过构建"水道工程遗产点、蓄泄工程遗产点、交通运输工程遗产点、行政管理设施遗产点"四类文化遗产构建水路遗产体系[40]。言唱按照非物质文化遗产与运河漕运的关联程度，将运河非物质文化遗产分为"与运河功能直接关联、由漕运及沿岸生活派生、由运河交通或漕运助推、依托运河传播和传承"四个圈层[41]。

还有一些学者如单霁翔、阮仪三、刘士林等指出，除对大运河本体功能价值以及漕运文化的关注之外，还应关注"人"作为大运河文化遗产的见证者、传承者对大运河文化遗产保护的意义，这是大运河文化线路理论研究视角的重要突破。刘士林较早地指出，应该关注物质遗产背后的人文因素，关注大运河开通后江南文化与北方中原文化之间的作用与影响，倡导对大运河背后地方文明研究的关注[42]。单霁翔强调，大运河沿岸的城市见证了大运河"除水害、兴水利"的辉煌历史，可以通过串联相关联的城镇或者村庄，再现历史上的人类交流活动，赋予文化载体更深刻的人文意义[19]。阮仪三、丁援指出，大运河水道及其支系共同联通了中国传统文化区域、江河水系与文化中心，其通过历史的叠加形成线路网络，而并非孤立存在。同时，他们强调，运河文化的研究不应以单线发展的视角看待，而是应该关注人类文化的总体动向[21]。

在这一趋势下，众多学者进一步拓展了大运河文化线路的保护范围以及文化遗产的内涵。李德楠通过总结考古、遗产保护等多领域学者的相关研究，指出运河的保护范围和申遗的对象并非完全相同，运河发展至今的完整性和运河发展变迁的真实性需要被充分地考量。张松等指出，大运河与沿岸生态、生产、生活密切相关，我们在保护运河文化遗产的同时应注重对周边风貌特色的保护，对水利水工、农业遗产等各类文化遗产进行综合保护[23]。言唱在大运河非物质文化遗产的研究中指出，运河非物质文化遗产根植于民众的生活、生产实践和社会交往，其将沿线城市和地区的文化传统包含在内，具有农业、工商业等文化属性，市镇构成了其生存与发展的社会基础[41]。

在大运河文化线路理论的相关实践应用方面。运河文化线路的理论框架研究主要用于指导各省市大运河遗产保护规划的相关工作。在镇江段的规划工作中，董卫等提出"文化线路"这一既有概念与京杭大运河在世界遗产体系中的整体价

第1章 绪论

值与文化特色产生了冲突，指出在中国文化特色的视角下，将"文化线路"扩展为"文化网络"，将运河水网中的城乡网络、产业网络、景观网络与遗产网络纳入大运河遗产体系[43]。蒋楠在大运河（扬州段）建筑遗产的认定与评估工作中指出，基于文化线路的大运河遗产构成分类与价值评价在实际操作层面难以准确且全面地表达文化遗产价值，对遗产价值认定造成负面影响，进而提出以价值为先的"水工技术类—技术价值、城镇文物类—历史价值、产业经济类—经济价值、文化艺术类—文化价值、生态景观类—生态价值"文化遗产分类方法，将产业经济遗产分为"会馆公所、商业金融、产业遗产、商业金融、传统产业"五类，反映了各时期大运河沿岸的产业特征以及社会经济背景[44]。蒋楠学者较早关注到了运河沿岸经济贸易发展情况、空间格局与运河的关联特性，是对传统文化线路文化遗产评估的重要突破。

与此同时，也有学者开始在遗产保护的视角下开展"运河文化遗产—运河聚落"的耦合研究。如赵鹏飞和谭立峰在《大运河线性物质文化遗产——山东运河传统建筑》一书中，以宏观视野解析了大运河与沿岸城、镇、村的内在关系，对传统居住建筑、公共建筑、水工建筑与运河的互动进行深入研究，形成了将区域社会与文化遗产保护相结合的整体研究视角[45]。

③ 线性文化遗产视角下对大运河文化遗产保护理论框架的构建与相关实践

2011年，刘蒋提出将京杭大运河作为线性文化遗产，以文化线路本体为主轴，串联其附属和沿线区域的古遗址、古墓葬等物质文化遗产，进而筛选区域内相应的非物质文化遗产，使"物质、非物质文化遗产与文化线路本体"三者有机结合，形成"三位一体"的保护模式[46]。2016年，李麦产、王凌宇指出，大运河与沿岸城市是命运共同体，以大运河文化遗产资源和其他相关资源为抓手，对资源密集型段落的沿运城市实施"城运一体"的整体性保护，将运河的保护利用及发展纳入所在城市的总体规划之中，是实现大运河保护的重要途径[47]。倪超琦和陈楚文针对浙东运河绍兴段的遗产构成制定基于保护区、缓冲区、文化展示区的宏观、中观、微观三级利用策略，促进文化遗产与城市蓝绿空间融合[48]。相对而言，虽然国内对大运河线性文化遗产保护研究的相关理论成果较少，但也完成了将大运河文化遗产与区域发展纳入统一体系的研究视角转变。

本书综合现有的研究成果发现，在遗产廊道、文化线路、线性文化遗产等运河文化遗产保护的理论与相关实践中，国内将文化线路作为大运河文化保护传承利用的主要指导方法，众多学者的研究也为大运河文化遗产保护奠定了坚实基础。在此过程中，不少学者也逐渐从对运河文化遗产本体及其相关遗产点的关注转移到对大运河与其周边城镇、生态环境的整体性认知，意识到了大运河与所在区域的历史互动作用，对既有线性文化遗产保护方法的演进做出了有益尝试，与《规划纲要》《实施方案》对大运河文化遗产及区域社会统筹保护发展的要求具有较高耦合度。但目前，还尚少有学者对运河文化遗产与沿运聚落的整体性保护发展理论与具体实现方法进行系统性研究。推动大运河文化带建设的可持续发展，尚需要对现有的线性文化遗产理论进行进一步拓展。

（3）大运河文化网络的理论提出与相关研究综述

2010 年，学者董卫等在《江南文明背景下的运河遗产保护——由大运河产业遗产保护引发的一些思考》一文中，基于大运河区域考古及史籍资料的研究成果，提出"文化网络"概念[43]。文化网络是传统文化遗产保护理论的进一步延伸，在三个方面弥补了长期以来学界对大运河文化遗产保护研究的不足：① 将运河线性河道本体在空间上扩展为网络形态。董卫等指出，大运河系统并非仅包含运河主干，还应考虑与其相关的区域性水网。历史上，运河支流水系是供给运河水源、使运河得以存续的基础条件。因此，应将运河整体系统纳入运河文化遗产体系。② 以区域文化的发展为背景探寻运河文化。沿线历史城镇在庞大的运河水网中孕育，又在社会与经济的发展过程中通过人工干预改变了水网的物质形态，大运河文化是二者长期互动的结果。应充分考虑大运河在穿越不同区域时，与当地文明在互动过程中形成的全部遗产。③ 将沿运历史城镇视为运河文化的重要载体。董卫等指出，在运河水网与区域历史城镇的互动过程中，运河水网与所处地区的社会形成了互相依托的互动发展关系，因运而生的城、镇、村成为运河产业发展、生态格局、文化遗产的主要载体。"人工水网、区域文明、沿运历史城镇"等视角的建立，真正将大运河文化遗产保护的视角从对线性遗产的关注转移到了面状区域。

总体而言，大运河文化网络相比于"遗产廊道、文化线路、线性文化遗产"等文化遗产保护理论在"遗产判别依据、保护主体、保护范围、遗产类型、侧重点、出发点"等几个方面有较大差异，也是文化网络的主要优势所在（见表1.1）：

表 1.1　文化网络与遗产廊道、文化线路、线性文化遗产保护理论的对比

（来源：作者自绘）

	主要文化遗产保护理论			
	遗产廊道	文化线路	线性文化遗产	大运河文化网络
概念	拥有特殊文化资源集合的线性景观。通常带有明显的经济中心、蓬勃发展的旅游、老建筑的适应性再利用、娱乐及环境改善[15]	一种陆地道路、水道或者混合类型的通道，其形态特征的定型和形成基于它自身具体的和历史的动态发展和功能演变；它代表了人们的迁徙和流动，代表了一定时间内国家和地区内部或国家和地区之间人们的交往，代表多维度的商品、思想、知识和价值的互惠和持续不断的交流；它代表了因此产生的文化在时间和空间上的交流与相互滋养[19]	指在拥有特殊文化资源集合的线形或带状区域内的物质和非物质文化遗产族群，运河、道路以及铁路线等都是重要表现形式[22]	尚未有明确定义，在文化线路的基础上进一步延伸，暂可指"生于运河水网中的城乡网络、产业网络、景观网络、遗产网络"[43]
遗产判别依据	多以运河的功能或设定缓冲区判别相关文化遗产	多根据运河遗产本体历史发展与变迁过程判别相关文化遗产	多根据运河遗产本体历史发展与变迁过程判别相关文化遗产	多根据运河水网与所在地域文化的互动过程判别相关文化遗产
保护主体	遗产运河	遗产运河	遗产运河	区域水网
保护范围	线性区域	线性区域	线性区域	面状区域
遗产类型	物质与非物质文化遗产	物质与非物质文化遗产	物质与非物质文化遗产	物质与非物质文化遗产
侧重点	经济价值与生态系统平衡，强调历史文化内涵	线路文化意义与社会意义	线路文化意义与社会意义	文化意义、经济价值与生态系统
出发点	地方战略	文化遗产保护	文化遗产保护	文化遗产保护与地方发展

　　结合"文化网络"概念，大运河沿运多市已经陆续开展了对运河聚落与运河文化遗产的整体性保护规划实践。中国城市规划设计研究院历史文化名城研究所的赵霞学者以嘉兴名城保护规划为例，指出运河聚落的保护应结合历史性城市景观，强调城市与所在区域、自然和社会文化环境的相互关联性，针对嘉兴市域和历史城区提出了整体性保护方法[49]。汪瑞霞及常州市规划设计院张文珺两位学

者从显性和隐性两大视角，主张结合历史环境的历时性与共时性，在人居生态系统、建筑风貌、文化遗产保护、居民生活方式回归等方面提出常州段运河聚落保护规划的具体建议[50]。

与此同时，也有学者以保护区域层面板块状历史文化遗存为出发点，进一步拓展现有运河文化遗产保护方法，其思想源流与"文化网络"有异曲同工之妙。张兵提出"城乡历史文化聚落"概念，指出随运河兴衰演变的城乡聚落因运河水网的组织，在手工业、贸易和文化往来中产生密切联系，逐步形成城乡网络，成为一种特别的"文化板块"，其历史文化价值和当代发展价值远超运河作为水利工程的价值[51]。2017年，中国城市规划设计研究院及浙江省文物考古研究所指出，大运河（浙江段）与区域历史城镇群体两大巨型遗产之间存在高度耦合关系，应从整体角度对两者进行系统保护。在历史文化价值评估方面，进一步指出大运河应由线性内向型向网络化外向型拓展，强调大运河与城乡聚落具有内在关联[52]。在此期间，张恒、李永乐从共生理论入手，也提出了应对大运河聚落遗产进行一体化保护[53]。

总体而言，在多省、多市的大运河文化遗产保护规划工作中，基于运河历史脉络推动"运河遗产、聚落遗产、经济、社会"区域一体化保护发展的观念已经显现。在此基础上，"文化网络"概念成为当下大运河文化遗产保护规划和更新发展的可行理论和主要方法之一。

（4）综合评述

基于大运河文化保护传承利用的相关问题，董卫学者提出的"文化网络"概念，是对现今线性文化遗产保护理论的进一步拓展，为大运河文化带建设中"区域社会—运河文化遗产—大运河"的统筹发展提供了一个新视角。综合大运河文化遗产保护在"遗产廊道、文化线路、线性文化遗产、文化网络"方面的理论研究和实践进展，笔者发现目前其仍有可以补充之处。

① 现有研究成果中，跨区域整体性研究较少

现有四种运河文化遗产保护理论多以运河城市的行政边界、运河的区段作为运河文化遗产保护的主要研究尺度，多集中于微观尺度研究，较少有学者基于中观省域尺度或跨省域尺度对大运河文化遗产保护进行整体性研究。同时，虽多有学者对大运河常州段、镇江段、扬州段等活态河段进行聚焦研究，但较少关注到活态运河的整体性研究，忽视了活态运河作为整体在大运河文化中的代表性价值

与作用。因此，以大运河活态河段的整体性为基础，开展中观尺度下的跨省域研究，是彰显大运河文化价值、带动活态运河与区域社会协同发展的重要基础。

②"文化网络"的系统研究框架尚未建立

现今，文化网络理念已经提出。在实际研究层面，学者虽已经建立起运河聚落"历时性—共时性"的两大研究视角，形成了将"产业要素、文化遗产要素、生态要素、制度要素"等维度的文化资源纳入一体化发展的共识性认知，但较少有学者系统性地构建文化网络的整体研究框架，实现文化网络由概念到方法的演进。针对董卫学者所提出的"城乡网络、产业网络、景观网络、遗产网络"等文化网络构成，将现有研究视角、研究维度与文化网络概念对接，是联通大运河文化遗产保护与区域发展的重要一环。本书基于各学者对运河文化要素类型的具体认知，提取"文化、生态、社会、经济"四大关键词，在此基础上提出从文化生态学视角对现有研究维度进行整合，以作为文化网络框架系统性构建的理论支持。

1.3.2 文化生态学研究综述

(1) 文化生态学理论与研究维度

"文化生态学"源于19世纪60年代所创立的生态学（Ecology）。20世纪50年代以来，人类学研究领域在逐步吸纳生态学研究方法的过程中，将文化学与生态学结合，创造了文化生态学。1955年，美国人类学新进化论学派的学者朱利安·斯图尔德（Julian Steward）在其理论著作《文化变迁的理论：多线性变革的方法》（*Theory of Culture Change：The Methodology of Multilinear Evolution*）中首次明确指出，文化生态学主要研究"人类对环境之适应"，即人类相对于大多数动物而言，通过引入"文化"这一超机体因素适应生态环境的过程[54]。文化生态学理论的核心是探究人类文化与天然环境及人造环境之间的因果关系。

在斯图尔德理论的引领下，国内文化生态理论的研究主要集中于两个方向。

① 在生态环境的视角下，文化生态系统是指影响文化演变进程的，由自然、社会、经济等变量构成的完整复合体系。司马云杰在《文化社会学》一书中指出，文化生态学主要研究文化通过人类适应环境而创造，进而在人口、居住条件、亲属结构、土地使用等环境因素交互作用的影响下不断变迁的过程[55]。邓

先瑞指出，文化生态学研究人类文化与其生存的"自然—社会—经济"复合生态系统之间的相互关系[56]。21世纪之初，冯天瑜通过《中华文化史》《中国文化生成史》《中华文化生态论纲》（以下简称《论纲》）等史学著作，构建了结合文化生态学的中华文化生成机制的解释体系。《论纲》指出，"文化的实质含义是自然的人类化"，在文化生态学视野下，地理环境、经济土壤、社会制度都是文化生态机制中不可缺少的组成部分[57]。

② 在生态学视角下，文化生态系统指通过文化之间的互相影响而形成的动态系统。李方莉和刘春华等人在文化生态方法论的研究中指出，文化不仅与外部的复合生态系统存在有机关联，各类型文化之间也存在相互关联，影响着文化发展的整体进程。李方莉指出，由人类创造的各种文化组成的文化圈、文化群落、文化链勾连成一张动态的网，各文化之间通过互相作用维系着人类文化的平衡，文化生态则是类似于自然生态的动态平衡系统[58]。何小忠、刘春花指出，文化具有外部生态秩序和内部生态秩序。文化的外部生态秩序指文化与社会其他方面互相作用达到的平衡态势，是基于社会整体性眼光的秩序。而文化的内部生态秩序指文化内部各部分要素之间的相互协调，是文化主体得以平衡发展的重要基础。内外部生态秩序的平衡促使文化得以健康地可持续发展[59]。李建华和夏莉莉通过"亚文化生态圈—文化生态丛—文化生态簇"层级理论体系构建了西南文化生态圈结构，探究了多种文化之间的生态特性[60]。

（2）文化生态系统的基本维度

谢洪恩、孙林总体上将文化生态学归纳为历时性和共时性两大维度，构建"过去—现在—未来"的历时性链条和基于某一时期的能涵盖社会各方面、满足社会各个层次需求的共时性网络，共同组成一个相对独立的文化生态系统[61]。在此基础上，学界往往将文化生态的历时性与共时性研究作为两种独立的研究视角。例如魏成、钟卓乾等通过梳理古劳水乡自宋代至民国的空间发展过程，对古劳水乡整体格局、水利水网空间、聚落空间、基塘农业等空间格局进行研究，总结出"以水为脉"的文化生态特征就是典型的纵向性研究过程[62]。刘瑞强、席洪和韩玮霄在历史城镇稳态空间类型的研究中指出，历史城镇在农业经济、宗法礼制、地理环境、社会关系的影响下，形成了"纯粹型空间功能、礼制型空间秩序、封闭型空间形态、自然型建筑建造、生活型景观意蕴"，此类涵盖了自然、经济、社会、文化综合影响的历史城镇空间建设研究则是典型的共时性研究[63]。

(3) 文化生态理论的层次构造

对于文化生态理论的具体层次，Geertz 指出，文化生态学主要探讨"环境、技术以及人类行为等因素的互动作用"，倡导从人类、生态、社会、文化等变化因子的互相影响下探究文化的一系列进程[64]。司马云杰在《文化社会学》一书中，将文化生态系统分为"科学技术、经济体制、社会组织和价值观"四个层次。冯天瑜在《中华文化生态论纲》中对司马云杰提出的一般文化生态学系统进行扩充，提出以"地理环境、物质生产方式（工具、技术和生产方式）、社会组织（包括各种社会组织、机构、制度等结合而成的体系）"为主的文化生态三层次，对"人类与资源、生产、消费、环境"等诸因子的互通关系进行研究[57]（见图1.1）。刘敏、李先逵指出，历史文化名城的文化生态系统主要包括：① 城市中山体、水体、气候等自然环境要素；② 城市形态特征与特色景观风貌；③ 承载城市历史信息的建筑物、基础设施等；④ 城市传统生活与行为方式；⑤ 传统的特色经济产业[65]。刘书安、李凡从生态环境（自然层）、乡村产业（生计层）、村落组织（制度层）、乡村文化（意识层）四大主要层次，探讨了佛山八景与环境的互适关系[66]。庞朴在《文化结构与近代中国》一文中指出，文化结构的中层即文化生态学所关注的主要层面，主要包括自然和社会理论、社会组织和制度等[67]。总体而言，现有专家学者在研究中，多将文化生态学结构划分为"文化、环境、产业、制度"四个主要层次，与现有大运河（鲁苏浙段）文化网络研究从"文化、生态、经济、社会"层次展开的具体认知与核心需求相耦合，为文化网络的系统性研究提供了重要的理论依据与方法参考，亦为本书研究整体展开的基础。

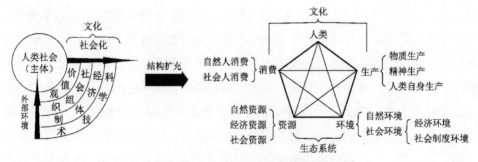

图1.1　文化生态系统的结构模式与扩充

（来源：作者自绘，资料源于司马云杰所著的《文化社会学》和冯天瑜所著的《中华文化生态论纲》）

（4）综合评述

本书基于研究目的以及现有学界研究成果，指出基于生态环境视角的文化生态学理念更适用于运河文化的研究以及文化要素层次的划分，是实现大运河（鲁苏浙段）文化资源盘整的有力工具。其原因在于，生态学视角的文化生态理论相较于生态环境视角的文化生态理念，更多关注文化与文化之间的互动关系。而本书着眼点在于探讨大运河文化整体系统的内在秩序，较少关注大运河文化生态系统与其他文化系统之间的平衡与互动。因此，基于生态环境视角的文化生态学，从"历时性—共时性"两大基本维度、"文化、生态、社会、经济"四大主要层次构建大运河（鲁苏浙段）文化网络，是对接现有文化网络研究维度与文化网络理念、形成系统化研究方法的重要理论依据。

1.3.3 大运河特色历史城镇的研究综述

（1）"大运河特色历史城镇"的概念辨析

"大运河特色历史城镇"融汇了"运河聚落"和"历史城镇"（Historical Town）两大概念。《保护历史城镇与城区宪章》指出，历史城镇具有"规模相对较小、较为完整地留存了某一时期的历史风貌与空间格局"的主要特征[68]。同时，由国家文物局统筹、中国文化遗产研究院负责编制的《大运河遗产保护规划第一阶段编制要求》，定义运河聚落为"建成、发展或变迁与运河的建设、交通、商业、生产活动密切相关，历史风貌和传统格局保存完好的沿运河城、镇与村落"。而"大运河特色历史城镇"即指活态运河在"文化、生态、社会、经济"等文化生态层次的发展过程中，具有活态运河文化代表性与文化象征意义的相关城、镇、村落。作为主要研究对象，本书深入挖掘大运河特色历史城镇的文化内涵。

综合以上概念与本书研究目的，本书将"大运河特色历史城镇"定义为"建成、发展或变迁与运河的文化、生态、社会、经济活动密切相关，在历史发展中具有代表性和重要地位，历史风貌和传统格局保存完好的城、镇与村落"。

（2）大运河特色历史城镇的研究进展

20世纪80年代后期至21世纪初期，傅崇兰、李泉、陈薇等学者在深耕大运河史学研究的同时，率先关注到了运河水道水利工程建设、漕运制度与大运河沿线历史城镇文化、社会、经济等方面的互动，对沿运市镇兴衰的内在动因和规律进行深入探究，开启了国内大运河特色历史城镇的整体研究进程[69-71]。

① 对于具体的研究范围而言

目前，国内对于大运河特色历史城镇的研究可以分为宏观、中观、微观三个层面。宏观层面主要包括对大运河沿线城市群的整体性研究，中观层面主要包括对某段运河或某运河特色历史城镇的历史演变与保护规划研究，微观层面主要为针对某个沿运特色历史城镇的聚焦研究。其中，中观层面的研究是国内学者涉猎较多的领域。同时，因为江南运河在大运河发展史中具有突出的历史价值与现实价值，所以与其相关的特色历史城镇的研究也较为广泛。除此之外，淮扬运河段特色历史城镇、会通河段特色历史城镇研究也是学者涉及较多的部分，而浙东段特色历史城镇的研究成果较少。在微观层面的研究中，国内学者多以某一具有代表性的运河特色历史城镇为主体进行研究，对淮安河下古镇、西兴古镇、窑湾镇、孟河镇、崇福古镇等淮扬运河、江南运河、浙东运河段的运河古镇多有涉猎。

② 对于研究的方向而言

目前，国内学者对于大运河特色历史城镇的研究可以分为"大运河特色历史城镇发展评价研究、运河与历史城镇发展关系研究、大运河历史城镇发展对策研究"三个主要方向。

近年来，学者在大运河特色历史城镇的发展评价研究中，聚焦于大运河沿线城市文化、生态、旅游等系统发展水平的量化评价研究。历建梅等通过构建大运河文化带沿线城市"文化—生态—旅游"耦合协调评价指标体系，指出运河城市存在文化发展不平衡、生态发展水平较低、地区之间文化综合发展水平差异明显的具体问题[4]。孟丹等指出，京杭大运河沿线地区城市发展具有空间不平衡、协同发展类型整体上呈现生态化滞后的特性[5]。孙久文和易淑昶通过对 2010—2017 年大运河文化带 87 个城市的综合承载力时空演变进行分析，指出运河城市综合承载力呈现南高北低的格局，省会城市、直辖市以及经济强市的综合承载力明显高于周围普通地级市[6]。

在运河与历史城镇发展关系的研究中，有四个主要视角：第一，对运河沿线聚落生成规律的探究。李永乐等关注到大运河沿途聚落文化遗产分布受"运河水利工程、运河航运节点、运河交汇点、运河机构、运河商贸活动"的影响，产生相异选址、发展、职能分化的现象，并指出大运河聚落文化遗产是多重规律协作的结果，为大运河聚落文化遗产研究打下了坚实的理论基础[72]。第二，对运河聚落历史变迁的研究。张小庆、张金池将江南河段运河沿线城镇群的历史演进划分为五个主要阶段，梳理现今城市群在运河影响下的发展进程[73]。现今，很多学者综合以上两个方向进行探究，形成"历史演进—分布规律"的研究体系。黄锡之和朱春阳将太湖水利作为推动经济的抓手，探究其对城镇港埠兴起的杠杆作用，总结城镇港埠在太湖水利系统中沿干线分布、集中于太湖流域分布的规律[74]。蒋鑫等对淮扬运河沿线城镇的发育过程进行推演，通过其四阶段的演进过程，分析运河水利和漕运对淮扬运河城镇发展的驱动作用[75]。第三，因运河城镇受大运河发展影响而形成的特征性研究。钱建国将运河作为一个整体，将其视为明清经济发展的相对独立因素，深入探究嘉兴、湖州段运河对沿岸地区经济市镇职能、生产关系的深刻影响[76]。朱年志以三个山东运河沿岸小城镇为例，通过追溯小城镇的发展脉络，探究城镇之间的商业网络[77]。王科等探究了在大运河与黄河的影响下，鲁南传统沿运城镇因适应环境变迁而产生的水适应性特征[78]。

在大运河历史城镇的发展对策研究中，阮仪三、曹丹青针对苏南甪直古镇提出工业调整规划、道路交通规划和住宅建设规划的具体措施，在此基础上，提出以发展古镇旅游事业为主的风景旅游规划，形成基于古镇风貌保护和合理发展的建设性规划指导意见[79]。魏羽力和许昊明确大运河扬州段聚落的形态类型，通过构建量化评估模型对聚落遗产综合价值进行排序，是未来的保护规划措施制定的重要依据[80]。张延、周海军按保护情况将宁波段运河聚落遗产划分为三类，并基于此分类制定保护措施[81]。许广通等在发生学视角下对浙东运河半浦村的历史环境及文化变迁进行叠合还原，基于对古村价值特色的充分认知，提出针对运河古村空间的精准保护策略[82]。吕珍等基于苏州古城的发展历史，探究运河与苏州古城在空间、经济、文化三方面的相关性，提出"保护古城生态及空间布局、促进大运河文旅产业经济发展、塑造运河城市个性化标签"的新时期发展战略[83]。李乃馨和张京祥对常州石龙嘴老城区的运河文化基因进行提炼解析，提出运河城市文化基因的传承策略[84]。邹统钎等运用共词分析法，在大运河沿线35个地级以上城市的相关网络游记中提取"千年运河"品牌基因谱系，将运河沿线城市分为6个品牌区域，并进一步对各区域差异化的基因特征及功能定位进行分析，为"千年运河"国家文旅品牌塑造与大运河文化遗产保护传承利用的整体发展提供参考[85]。

总体而言，现阶段学界已全面开展了基于"历史演进、现状评价、未来发展策略"多个研究视角、"宏观、中观、微观"三大主要尺度的大运河特色历史城镇研究，但现有研究成果尚有可以进一步完善之处：① 构建"历史—当下—未来"的完整研究视角。目前，学界对大运河特色历史城镇的研究既包含历史视角下对特色历史城镇空间格局与分布规律的研究，也包含对特色历史城镇现状发展水平评估以及未来发展战略制定的研究，而较少有结合文化遗产保护与区域社会经济发展、建立"历史—当下—未来"综合性视角的研究。以大运河文化传承统筹区域经济社会发展，是大运河文化带建设的主要目标。② 开展大运河（鲁苏浙段）特色历史城镇的整体性研究。现有研究多关注大运河主干沿岸的特色历史城镇，或针对单个城镇、某一城市内运河聚落、某一段河道沿岸的特色历史城镇进行聚焦研究，较少有跨越省级边界或基于大运河（鲁苏浙段）活态特性的特色历史城镇的整体性研究。对大运河（鲁苏浙段）特色历史城镇的整体性研究是大运河文化带（鲁苏浙段）建设与整体发展的必要基础。

1.4 研究内容与研究方法

1.4.1 研究内容

(1) 大运河（鲁苏浙段）文化网络研究框架的搭建

本书通过对大运河（鲁苏浙段）水道及特色历史城镇时空演变的梳理以及对大运河（鲁苏浙段）文化网络研究的现实意义进行辨析，指出文化网络具有"显性"与"隐性"两大属性，并结合文化生态学"共时性—历时性"两维度的解读以及"文化、生态、经济、社会"四个文化生态层次，分析各维度各文化生态层次的具体研究内容，进一步通过研究路径、方法与数据来源的明确，引入大运河（鲁苏浙段）文化网络的"空间"层次，系统构建大运河（鲁苏浙段）文化网络的整体研究框架。

（2）大运河文化带（鲁苏浙段）特色历史城镇跨区域协同治理机制构建

本书基于大运河（鲁苏浙段）显性及隐性文化网络的研究成果，结合大运河文化带（鲁苏浙段）区域社会经济统筹发展的整体保护发展需求，借鉴中西方现有跨区域协同治理的典型经验，因地制宜构建以大运河为中心的、自上而下与自下而上相结合的、"生态、社会、经济、文化、空间"五维一体的大运河文化带（鲁苏浙段）跨域协同治理机制，以期为大运河文化带（鲁苏浙段）特色历史城镇的发展提供可借鉴的路径。

（3）大运河文化带（鲁苏浙段）特色历史城镇的发展战略研究

本书以大运河文化带（鲁苏浙段）跨区域协同治理机制为抓手，针对当下大运河文化带（鲁苏浙段）在"生态、社会、经济、文化、空间"等层面的发展现状与具体问题，制定完整且有机统一的"生态治理、社会发展、产业合作、文化共治、空间共融"五维一体发展战略，作为大运河文化带（鲁苏浙段）区域一体化协调发展、多层次共治共建的初步探索。

1.4.2　研究方法

（1）文献研究法

笔者基于文献数据平台、线上与线下图书馆，对史志类文稿、历史地图资料进行广泛阅读与搜集，并将其作为本书对大运河（鲁苏浙段）水道及特色历史城镇时空演变深入考察的整体基础，力求准确、全面认知大运河（鲁苏浙段）特色历史城镇在活态运河历史演变中的突出文化价值与历史地位，为本书对大运河（鲁苏浙段）文化网络的构建提供研究支撑。

（2）历史信息转译法

本书提取文献古籍、史志资料中与大运河（鲁苏浙段）特色历史城镇"文化、生态、社会、经济"四大层次历史发展及互动演变过程相关的历史信息，借助多维度表格汇总历史信息，进一步通过现代地图图底直观展现其空间格局，作为大运河（鲁苏浙段）文化网络构建及大运河文化带（鲁苏浙段）建设的空间基底。

（3）类型学研究法

类型学研究法即根据研究目的和研究对象，对研究对象的类型进行区分、辨认和比较的分组归类方法。本书基于大运河（鲁苏浙段）显性文化网络，通过类型学研究，探究各层次文化网络中大运河（鲁苏浙段）各区域板块特色历史城镇间模式的异同，总结具有相同模式的特色历史城镇区域板块，进一步分析其内在发展机制，构建大运河（鲁苏浙段）隐性文化网络。

（4）核密度分析法

核密度分析（Kernel Density Estimation）工具可以对空间点位的分布特征及聚集程度进行估计，即通过对某一点位的中心性设定，认为其周边点位随距中心距离的增加而被赋予的权重逐渐降低，进而形成连续的密度表面，直观反映点位的空间聚集特性[86]。在本书中，其主要应用于直观表现文化遗产资源分布和城市等时圈的空间特性。

（5）社会网络分析法（Social Network Analysis）

本书借助 ArcGIS 10.8.2 软件，通过"XY 转线"（XY to Line）工具构建网络模型，直观展现城市之间经济、人口迁徙等方面的关联强度与关联特性。社会网络分析法是结合数学理论和图论对关系网络复杂性进行解读的定量分析方法，认为个体与个体、群体与群体之间，均存在各种程度的互相关联。社会网络分析即通过空间拓扑关联结构的建立，以量化分析形式展现行动者之间的多种关系[87]。本书仅涉及城市间空间网络拓扑模型的空间建立与表达，直观表现基于某单一因素影响下的大运河（鲁苏浙段）特色历史城镇之间的关系特性，作为科学、合理制定大运河文化带（鲁苏浙段）跨区域协同发展战略的重要依据。

1.4.3 研究框架

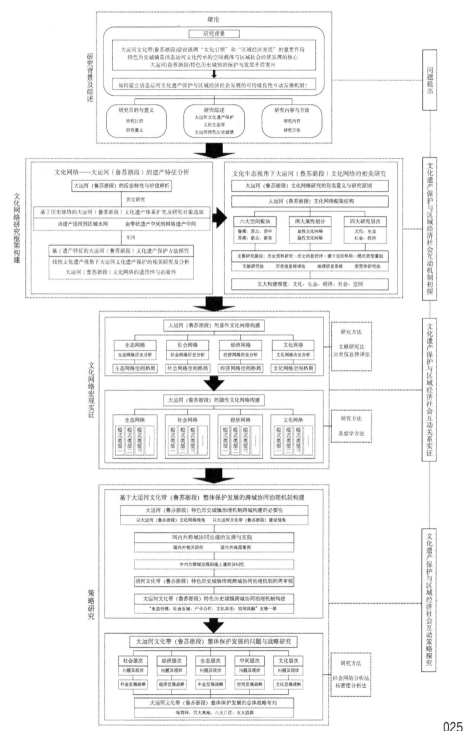

第 2 章

发现文化网络——
大运河（鲁苏浙段）遗产特征分析

本章基于大运河（鲁苏浙段）在当下突出的文化、经济、生态价值，明确活态运河的整体性研究意义，通过进一步系统梳理大运河（鲁苏浙段）水道的历史演变以及其对特色历史城镇的时空塑造过程，指出将大运河（鲁苏浙段）的文化遗产系统由遗产运河扩展为区域水网、由带状遗产空间扩展到网络遗产空间。在此基础之上，系统分析当下线性文化遗产保护方法在具有中国文明特征的活态运河文化遗产保护中尚不能涵盖的部分与可借鉴之处，提出通过"文化网络"概念推动大运河（鲁苏浙段）文化遗产保护工作，并将其作为整体研究基础。

2.1 大运河（鲁苏浙段）的活态特性与价值辨析

大运河（鲁苏浙段）是中国大运河中仅存的活态部分。"活态运河"是历代以来未曾断续的、至今仍通水或依旧发挥原始航运功能的运河水道，其以济宁为起点，向南经江苏（以下称"苏"）、浙江二省，直至宁波入海口。本书将有运河水道流经的济宁、枣庄两地统称为鲁南地区。2019 年以来，鲁、苏、浙三省先后对大运河航道实施复兴内河水运的整体改造工程，对已经作为城市河流景观的部分故水道予以保护，保留了其防洪、灌溉、排水的部分原始功能（见表 2.1），以新航道与旧有航道的联通实现大运河（鲁苏浙段）的全线通航（见表 2.2）。不论是依旧在城市中流淌的运河故水道，还是由政府开展的航道整治工程，均是对大运河（鲁苏浙段）活态功能的延续。

表 2.1 大运河（鲁苏浙段）遗产水道现状

（来源：作者自绘）

省	遗产运河	索引号	包含的水道	现主要功能	航道等级
山东省	会通河微山段	HT—04	会通河微山段	景观、防洪、排水、储水、灌溉、渔业	Ⅲ级
	中运河台儿庄段	ZH—01	中运河台儿庄段	景观、排水	Ⅲ级

省	遗产运河	索引号	包含的水道	现主要功能	航道等级
江苏省	中运河宿迁段	ZH—02	中运河宿迁段	导航、泄洪、排水、灌溉、水供应	Ⅲ级
	清口水利枢纽段	HY—01	淮安运河淮扬段	景观、排水	Ⅱ级
	淮扬运河扬州段	HY—03	里运河	航运、供水、防洪、灌溉、排水	
			扬州古运河	景观	Ⅲ级
			瓜洲运河	景观	
			邵伯明清运河	景观	保护
			扬州邗沟	景观	保护
	江南运河常州城区段	JN—01	江南运河常州城区段	景观、排水	Ⅲ级
	江南运河无锡城区段	JN—02	江南运河无锡城区段	景观、排水	保护
	江南运河苏州段	JN—03	江南运河苏州段	景观、航运、防洪、灌溉、排水	Ⅲ级
浙江省	江南运河嘉兴—杭州段	JN—04	苏州塘河、杭州塘、崇长港、上塘河、江南运河杭州段	航运、防洪、灌溉、排水、景观	
			杭州中河—龙山河	景观、排水	
	江南运河南浔段	JN—05	頔塘故道	景观、排水	保护
	浙东运河萧山—绍兴段	ZD—01	浙东运河萧山—绍兴段	航运、防洪、灌溉、排水、景观	
	浙东运河上虞—余姚段	ZD—02	浙东运河上虞—余姚段	航运、灌溉、防洪	Ⅵ级
	浙东运河宁波段	ZD—03	浙东运河宁波段	航运、灌溉、防洪	等级外

表 2.2 大运河（鲁苏浙段）水道改造工程与现状统计

（来源：作者自绘，资料源于各省政府网站）

省	改造航道	完成时间	项目名称	航道等级	改造长度
山东省	济宁至台儿庄段航道	2022.1	"三改二"工程	Ⅱ级	140 km
	湖西航道	2021.7	"三改二"工程	Ⅱ级	57 km
江苏省	江南（苏州）段航道	未完成	京杭运河江苏段绿色现代航运综合整治工程	Ⅱ级	81.46 km
	江南（苏州）段航道	未完成	京杭运河江苏段绿色现代航运综合整治工程	Ⅱ级	127.6 km
	江南（苏州）段航道	未完成	京杭运河江苏段绿色现代航运综合整治工程	Ⅱ级	181 km
浙江省	杭州段航道（四改三段航道、新开段航道、八堡船闸段航道）	2019.12	京杭运河浙江段三级航道整治工程	Ⅲ级	60.3 km
	湖州段航道	2020.1	京杭运河浙江段三级航道整治工程	Ⅲ级	52.11 km
	嘉兴段航道	2020.12	京杭运河浙江段三级航道整治工程	Ⅲ级	17.7 km

在历史视野中，未曾干涸的活态运河是文化延续的载体；在当下，其成了仍然发挥着自身功能价值的、"在使用"的文化遗产。相比于已经断流的大运河遗址，活态运河以"水"为依托，始终与沿岸城市保持着密切的物质与资源交换、影响着沿岸城市的社会经济发展，现今主要发挥三个方面的价值。

（1）活态运河在文化旅游资源开发中的主体价值

现今，会通河微山段和中运河、淮扬运河、江南运河、浙东运河的大部分区段作为城市景观被予以保护，活态运河"城水相融"的独特景观成为国家与各省市旅游开发的重点，台儿庄、淮安、苏州、杭州、无锡、绍兴等市均形成了以运河世界文化遗产为核心的文化旅游资源开发模式（见表 2.3）。活态运河带动了与其相关的历史城镇和文化遗产的保护与开发，实现了文化和经济的联动发展。

表 2.3 大运河（鲁苏浙段）文化旅游区开发

（来源：作者自绘）

地区	运河文化旅游区	相关历史城镇与文化遗产
台儿庄	台儿庄运河国家水利风景区	台儿庄古城
无锡市	江南古运河旅游度假区	惠山古镇、南禅寺、清明桥等

地区	运河文化旅游区	相关历史城镇与文化遗产
淮安市	淮安古运河水利风景区、淮安里运河文化长廊	河下古镇、清口枢纽、清江大闸等
扬州市	瓜洲枢纽国家水利风景区	瓜洲古镇
苏州市	吴江运河文化旅游区	平望镇
杭州市	京杭大运河杭州风景区	塘栖古镇、香积寺、拱宸桥等
绍兴市	绍兴运河园水利风景区	运河古纤道、三江口门大闸遗址等

（2）活态运河在水资源调配中的生态价值与战略地位

当下，活态运河不仅作为城市重要水资源被纳入了地区水系水网，承担着为沿岸城市供水、灌溉、提高城市防洪能力、改善区域水环境的重要任务。同时，活态运河还是国家南水北调工程东线的重要组成部分，成为供给黄淮海平原和胶东地区城市及工业用水、改善农业供水条件的输水主干线。

（3）活态运河在南北物资运输中的经济价值

现今，活态运河仍承载着重要的货物转输功能。2020 年，活态运河水运货物总量占比达全年货运总量的 27.29%。在疫情影响下，其水运货物总量在 2021 年仅下降 1.52 个百分点（见表 2.4）。同时，结合中国大运河发展报告（2018）、城市水运报等官方统计的大运河货运信息，笔者发现，近年来，活态运河以煤炭运输、矿产建材（黄沙、石子）运输、集装箱运输为主，承担了江苏北部地区绝大部分经济发展所需原材料的运输责任，其煤炭运量更占全国内河的三分之二，成为"北煤南运"的黄金通道[88]。

表 2.4　2020 年、2021 年大运河（鲁苏浙段）客运、货运情况

（来源：作者自绘，资料源于山东、江苏、浙江省 2021 年及 2022 年统计年鉴）

货运量/万吨	2020 年				2021 年			
	鲁南	江苏	浙江	合计	鲁南	江苏	浙江	合计
货运总量/万吨	40 242	288 513	299 919	628 674	44 441	307 176	327 398	679 015
水运货物总量/万吨	3 755	61 611	106 194	171 560	4 319	61 447	109 210	174 976

有千年历史的大运河（鲁苏浙段）仍在通航，具有遗址河道所不具备的"城水相融"的文化旅游资源保护开发价值、区域水资源调配的生态价值、南北物资运输的经济价值，既是区域社会经济发展的带动者，又是运河文化保护传承的主

载体。紧密结合《规划纲要》的政策指引与发展方向，将活态运河作为一个整体进行研究，具有极高的价值意义。

2.2 基于历史脉络的大运河（鲁苏浙段）文化遗产体系扩充及研究对象选取

《规划纲要》指出，应深入挖掘和丰富大运河文化内涵，以大运河的历史脉络和当代价值统领大运河文化保护传承利用工作。在这一指示下，基于历史脉络对大运河（鲁苏浙段）水道与特色历史城镇演变的梳理与对象的选取成为整体研究的重要基础。

2.2.1 由遗产运河到区域水网

(1) 大运河（鲁苏浙段）水道的历史演变

① 早期至隋：耕战活动与早期水系萌芽

春秋战国时期的运河水道（公元前 770 年—公元前 221 年）是现今鲁南、苏、浙地区运河水道的原型。这一时期的三省地区，由齐、鲁、吴、越四诸侯国分裂割据。齐国称霸北方，以车战见长。鲁国定都曲阜，通过吞并周边的极、须句、项等小国逐渐强盛，统治核心即今山东济宁境内。早期，任（济宁的简称）、枣（枣庄的简称）、徐、宿地区有古泗水水系，分上中下游三段，现仅上游部分尚存。在古泗水水系的滋养下，东周之时已有"宋、卫、鲁、邾、滕、薛、郳、莒、费、郯、任、邳"等"泗上十二诸侯"及其附庸小国散布于齐鲁之地[89]。元代以前，任、枣、徐、宿地区的运河水道系统皆以自然水系为主，鲁南地区虽有菏水等人工渠化水道见于记载，但始终未成规模[90]。

而春秋之时，吴在江淮太湖地带、楚在汉水和云梦诸湖泊间、越在浙东山会平原均以水战见长，吴越两国交战是江浙水道疏凿的肇端。公元前 514 年，吴王阖闾命伍子胥建今苏州为都城。为北进中原与诸国争雄，又相继开凿 6 条运河，作为联通吴国和中原的战略要道，以破楚、越、齐各诸侯国（见表 2.5）。早期水道以吴都为起点，形成南北两路。北路从苏州的北门起，向西北穿过漕湖，经太伯渎与江南运河而上，再经阳湖北行，入古芙蓉湖，然后由利港入长江，以达扬州。南路则自吴都向南，经过吴江、平望、嘉兴、崇德，止于今浙江海宁盐官西南 2 千米，可通越国[91]。而越国于萧绍平原，也疏浚了可东西连结曹娥江与今绍兴的山阴故水道。借已有水道，吴越两国便可跨越钱塘江实现地理区位的联通。

表 2.5　春秋时期吴国主要运河水道开凿情况统计

（来源：作者自绘）

开挖时间	水道名称	起点（西或南）	终点（东或北）	开凿原因
公元前 506 年	堰渎	长江	太湖	向西征楚
公元前 495 年	胥浦	太湖	大海	吴越争霸
	古江南运河	吴都	北至长江入海口	联通苏、扬
	百尺渎	杭州湾	吴都	联通吴、越
公元前 486 年	邗沟	长江	淮河	北上伐齐
公元前 484 年	菏水	济水	泗水	西进伐晋

　　秦汉之时，以进一步兴修前代吴、越、楚的运河水利为主。秦始皇于太湖西北、东南分别打通了丹徒—丹阳与嘉兴—杭州两水道，自杭州至丹阳的航线贯通，江南运河基本走向自此奠定。东汉永和五年（公元 140 年），会稽太守马臻在山阴故水道的基础之上建鉴湖，向东又开四十里河。四十里河经梁湖至丰惠，向东北折汇入姚江，自此，浙东运河自钱塘江至东部入海的雏形也基本形成。这一时期，也有以经济发展为主要目的的水道出现。例如，西汉吴王刘濞定都广陵，为兴盐运，从邗沟起向东挖 15 千米开茱萸沟，又在茱萸沟东端滨海之处建海陵仓，既便于贮存苏州海运所需粮草，又便于将所产海盐运至扬州供封建王朝消费。茱萸沟一经开凿，所经的泰安、海安开始发展。

　　魏晋南北朝时期，曹操一统北方大部分地区，而孙吴盘踞江东，长江一带成为两方势力交界之地。这一时期，长江南北运河水利兴修多为战时辎重所用。建安二年（公元 197 年），曹操派陈登任广陵太守。因原邗沟入射阳湖迂远，陈登于建安四年（公元 199 年）将邗沟西移，使其从樊梁湖向北至宝应津湖，再向北至白马湖，经中渎至淮安末口入淮。邗沟改道后，淮扬两地作为邗沟南北的两大中心城市进一步发展。除此之外，古邗沟在历史上还有两次变迁，一为隋文帝开皇七年（公元 587 年）重修邗沟东道，二为大业元年（公元 605 年）通济渠始凿，于盱眙入淮，为使淮扬两地联通中原，又取直淮扬运河于西道。自此，淮扬运河水系再无大变化。至于江东地区，赤乌八年（公元 245 年），建都南京的孙权开破岗渎沟通秦淮河与江南运河水系，联通今句容东与丹阳西部，将都城纳入运河的城市系统。公元 311 年永嘉之乱，北方先民沿运河南迁，聚集在丹徒的京口和广陵附近，原为长江南岸军事重镇的镇江兴起。晋永和年间（公元 345—356 年），为引江潮入淮扬运河补水，又开仪扬运河。同时，堰、塘等农田灌溉设施大量兴修，如句容西南部有赤山湖，扬州一带曾有陈公塘、裘塘、邵伯埭，丹阳北有练湖、西北有新丰塘。以建业为中心的高邮、常州、苏州因农田水利之利而汇集人口，渐成规模。

而此时，浙江地区运道进入了支线发展的初期阶段，农业成为运河水利兴修的主要目的。西晋时期（公元 265—316 年），吴兴太守殷康在嘉湖地区开荻塘（即顿塘），东西向连结江苏平望和湖州地区，在和平年代可决水溉田千顷[92]。晋惠帝时，会稽内使贺循为支持萧绍平原的农业发展开西兴运河。西兴运河西起今西兴，经萧山、钱清、柯桥连结东鉴湖。自此，漕船可自钱塘江南岸经西兴运河、山阴故水道、姚江、甬江入海，而后该运河逐渐成为主航道。在通达四方的航运带动下，嘉湖、绍兴两地的聚落开始孕育。

② 隋至宋时期：经济发展与江浙运河体系成型

公元 589 年，隋朝灭陈，统一南北，沟通东西的隋唐大运河成为全国范围的交通系统。自隋至宋时期，社会的相对稳定繁荣使运道的军事职能色彩逐渐退却而经济职能逐渐显现。这一阶段，统治者意图借漕运实现的经济目标以盐利及对外贸易两方面为主，也是推动淮扬运河、浙东运河水利系统进一步扩张的主要原因。

唐宋时期，盐业成为国家发展的纳税之源。淮扬运河临近东部江淮滨海之地，成为联结漕盐生产与转运的重要水路干道，与通扬运河、盐河、串场河同为负责淮盐转输的盐运水路体系。其中，通扬运河前身即茱萸沟。西汉以后，茱萸沟随海岸线东移而不断向东扩张，自海安起再向东南折，过如皋至南通，进而通达江海，将通、杨两地连结，带动江淮东南部盐运市镇带发展。垂拱四年（公元 688 年），淮北盐河初凿。此河一开，盐船可以自淮安经淮浦进入盐区，经沂水北上进入今山东诸城。唐代宗宝应二年（公元 763 年），盐河自涟水县东扩至海州进而汇入东海。自此，通扬运河成为两淮地区的南部盐道，而盐河则成为北部干路。北宋天圣年间（公元 1023—1032 年），范仲淹所凿捍海堰使江淮东部滨海之地免受海潮侵扰，为盐河系统的进一步扩张提供了有利条件。借此，串场河沿捍海堰疏凿而成，自南部海安运盐河口起，可联通富安、东台、刘庄、上岗、阜宁的近 20 个盐场，成为通扬运河支线。同时，各盐场也多利用滩涂的天然水系开灶河，以便于连结串场河，运输海盐[93]，以"主干—支流—末梢"为整体结构的漕盐转输系统自此成型。长期以来，两淮盐场以可通达四方的交通之利而成为国家食盐的重要产区。

与此同时，浙江地区运河水利兴修虽并非完全由经济发展主导，但也有相应经济职能显现。新辟支流以主航道为中心向外扩张，一张织密的漕运网络自此成型。如唐天授三年（公元 692 年），嘉杭湖地区辟东苕溪航道，作为江南运河副线，运输钱塘、於潜、余杭、临安四县租税，带动地区聚落大范围兴起。两宋时期，因东苕溪易淤，又于余杭奉口至杭州段开奉口河，使漕舟可沿西线奉口河、东苕溪、頔塘北上至苏州。唐宋两代，中外交往也尤为鼎盛，中原王朝与东亚多国建交，各国所派使者乘坐与装载进贡珍奇的海船多驳于宁波港。同时，中原与日本、朝鲜等地的进出口商货，以及闽、广、温等地的漕米粮钱也都集散于东部港口。来往官员、外使、漕兵均于宁波换内河漕船，进而沿浙东运河北上[94]。两宋时期，浙东地区也新辟虞甬运河、慈江—中大江两条副线。虞甬运河自今上虞区百官街道起向东北而行，经驿亭镇五夫村至余姚，汇入姚江。慈江、中大河作为丈亭到镇海的航运副线，西起余姚丈亭三江口，向东流经慈城，于镇海南折接入甬江。经由整修的浙东运河承担着外贸交往和内河漕运的双重职能，奉口、余杭、余姚、慈溪、马渚、丈亭、陆埠、半浦等因河而兴[95]。

③ 元至清时期：三省人工运渠贯通

元至清时期，政治中心再次移归北方地区，统治集团意图以截东西运河、通南北水路汇集各地粮赋，始凿鲁南段运河。元世祖至元十九年（公元 1282 年），政府下令开济州河。济州河以任城为起点，通过兖州城东泗水金口坝、堨城筑坝拦截汶水，南入洸河汇于泗水，最终注入马场湖，但不过三年便弃用。后虽于至元二十六年（公元 1289 年）挖会通河，但也时而淤断[96]。直至永乐年初，任、枣、徐、宿的漕运形势才大为改观。为通漕运，明成祖下令重开会通河。新会通河自汶上县袁口向东过安山湖，经靳口、安山、戴庙达张秋，以戴村坝、堨城坝、南旺分水枢纽、安山湖、南旺湖、马场湖、昭阳湖等水柜蓄调运河之水。但即便如此，济宁至徐州间的运道仍屡受黄祸之害，因此不得不另辟新道。嘉靖四十四年（公元 1565 年），开南阳新河。南阳新河由南阳起经夏镇至留城，东距原运道 15 千米避黄河之险。万历三十二年（公元 1604 年），又新开泇运河过台儿庄向南接宿迁直河口，直河口以下尚为黄河运道。清康熙二十年（公元 1681 年）、二十七年（公元 1688 年），分别开窑湾到皂河口的皂河、宿迁西张庄运口经泗阳到清河的中河，以渠化运道代替黄河旧道，联通宿迁与淮安两地[96]。自此，漕运不再经原西部漕路，原地处黄河故道的徐州、睢宁一带便置于运河城镇系统之外，而地处泇运河、中运河的邳州、宿迁、泗阳进一步兴起。

至于浙江一带，统治者多通过运段的局部整修维系着漕粮与农副产品、手工业产品的运载与转贸。例如，至正十九年（公元 1359 年），于嘉杭湖地区挖新河代替原崇长港与上塘河。新河自崇福西折过大麻后入余杭，自塘栖南下到杭州，这一河道保留至今[92]。而对于浙东运河，除了保护与修缮活动外，在上虞至余姚江口又开十八里河，作为四十里河的复线，大运河（鲁苏浙段）基本再无大变化。

（2）大运河（鲁苏浙段）区域水网的形成及研究对象选取

基于大运河（鲁苏浙段）水道的时空演变可以直观认知，当今的世界运河遗产并非是推动区域文明发展的唯一内生动力与物质载体，如串场河、盐河、通扬运河、破岗渎、上容渎、十八里河等人工水系与泗水、沂水、太湖、南四湖等天然水源不但长期维系着运河主航道的水源蓄调平衡，成为大运河存在和繁荣的前提，同时也在漕运活动中与主航道彼此联通，长期发生着物资交换与经济交流活动，盐城、南通、连云港、南京等城市因运而兴。长期以来，运河区域社会的先民以疏浚、修凿、水利开发等人工干预活动使运河水系始终保持相对稳定的形态结构，形成了以"主线（支线）航道—相关天然水源"为主体结构的、不可分割的整体水网系统，成为地域文明发展的整体生态骨架（见表 2.6）。

本书基于具体的研究需求，将运河主航道和支线航道一并纳入整体水网系统，将相关湖泊视为水网系统的斑块，同时以相对重要的支流水系表现水网系统与湖泊的关联特性，作为大运河（鲁苏浙段）特色历史城镇形成与发展的生态基底。

表 2.6 大运河（鲁苏浙段）运河航道与相关的自然水源

（来源：作者自绘）

省	运河主航道	支线航道	流域	相关支流水系	相关湖泊
山东省	南阳新河、泇运河、会通河		淮河	淮沭河、黄河故道、二河、淮河、入海水道、薛河、白马河	洪泽湖、南四湖、沂河—骆马湖
江苏省	中运河	盐河			
	淮扬运河	通扬运河、串场河		入海水道、苏北灌溉总渠、六塘河	洪泽湖
			长江	白塔河、渣河—三阳河、入江水道、长江	白马湖、宝应湖、高邮湖、邵伯湖
				长江	
	江南运河	上容溪、破岗溪、秦淮河—胥河	太湖	锡澄运河、新孟河、望虞河、吴淞江、太浦河、香草河、简渎河、丹金溧漕渠、九曲河、越溪河、扁担河—漏湖、德胜河、采菱港、藻港河、北塘河、三山港、直湖港、五牧河、锡溧漕河、北兴港、梁溪河、伯渎港、太溪河、浒光运河、元和塘、娄江—浏河、苏东河、杭嘉湖河网	太湖
浙江省	江南运河	頔塘、奉口河—东苕溪、白马塘、烂溪塘	钱塘江	嘉杭湖河网	
	浙东运河	浦阳江、曹娥江		钱塘江、绍兴河网	
		四十里河、十八里河、姚江、慈江、中大河、甬江	甬江	奉化江	

2.2.2 由带状遗产空间到网络遗产空间

（1）大运河（鲁苏浙段）特色历史城镇的历史演进

纵观历史可以发现，大运河（鲁苏浙段）开凿、贯通是沿线聚落兴起的直接诱因，相关特色历史城镇的发展历程可以分为三个主要阶段。第一个阶段即春秋战国时期，这一时期的聚落如苏州、绍兴、扬州、镇江等，因作为诸侯国都城或地处战略要地，多带有浓厚的军事色彩；第二个阶段即隋至宋时期，为特色历史城镇的孵化与繁荣期。在政治更迭与经济发展的多重影响下，苏州、镇江、杭州、南京、扬州等城市因人口聚集实现扩大化发展，形成以大型中心城市为主的繁荣都市圈。这一阶段，江苏中部、南部及浙江北部地区不论是人口数量、缴纳税额、农业产量和经济发展水平都首屈一指，成为中原王朝的经济中枢与财赋重地。与此同时，城市规模的增长进一步推动了乡村的发展，乡村市集逐渐演变为稳定的商业性聚落[97]，往往"民聚不成县而有税"，市镇即由此而生，后世"府（路）—县—镇—村"结构自此奠定[98]；第三个阶段即元至清时期，为特色历史城镇的稳定发展与类型分化期。这一阶段，市镇类型分化受海运政策与海禁政策交替施行的影响较大。元代海运兴盛，带动了钱塘江一带港口市镇、盐业综合市镇、口岸市镇的兴起。而明清时期厉行海禁，漕政放宽。漕船之上，军民水手多携带私人商货转贸于沿岸内陆地区。内陆沿运市镇成为重要的货物交易市场，多有"商贾云集、舟车辐辏"之景象，经商之风盛行。受商品经济影响，江苏南部、浙江北部地区从事经济作物种植以及个体手工业的农户不断增多，以集散、商品加工为主的专业型市镇涌现。在此背景下，以淮安、扬州、镇江、常州、苏州等综合型城市为区域政治经济中心、以专业型市镇为新兴经济体、以周边村落为上游原材料供给的完整城镇运行系统建立起来，时至今日仍有重要的借鉴意义。但与此同时，因大运河改道与间歇的黄河水患问题，徐州沛县、丰县一带聚落急速衰落，而邳州、夏镇、韩庄等地区因为泇运河、中运河的开通愈加繁荣。可以说，运河水道的选址、水情等因素往往直接决定了聚落的发展。而直至民国时期，大运河漕制尽废，倚运而兴的扬州、镇江、湖州、淮安等城市的衰弱也成为历史的必然（见表 2.7）。

表 2.7 大运河（鲁苏浙段）沿运城市的兴衰演变

（来源：作者自绘，"·"表示设都或郡县后的非兴盛时期，"√"表示城市兴盛时期）

城市	夏商周	春秋战国	秦	汉	魏晋南北	隋唐	宋	元	明	清
济宁市	√	√	·	·	·	·	·	·	√	√
枣庄市	·	·	·	·	·	·	·	·	√	√

（续表）

城市	夏商周	春秋战国	秦	汉	魏晋南北	隋唐	宋	元	明	清
徐州市	✓	✓	✓	✓	✓	✓	✓	•	•	•
淮安市		•	•	•	✓	✓	✓	✓	✓	✓
扬州市		•	•	✓	✓	✓ ∣ •	✓	✓	✓	✓
镇江市				✓	✓	✓	✓	✓	✓	✓
常州市				✓	✓	✓	✓	✓	✓	✓
无锡市		•		✓	✓	✓	✓	✓	✓	✓
苏州市	•	✓	✓	✓	✓	✓	✓	✓	✓	✓
南京市					• ∣ ✓	✓	✓	✓	✓	✓
泰州市			•	✓	✓	✓	✓	✓	✓	✓
南通市				•	✓	✓	✓	✓	✓	✓
盐城市				•	✓	✓	✓	✓	✓	✓
连云港				•	✓	✓	✓	✓	✓	✓
湖州市		•	✓	✓	✓	✓	✓	✓	✓	✓
嘉兴市				✓	✓	✓	✓	✓	✓	✓
杭州市						• ∣ ✓	✓	✓ ∣ •	•	
绍兴市		•	•		✓	✓	✓	✓	✓	✓
宁波市						• ∣ ✓	✓	✓	•	•

（2）大运河（鲁苏浙段）特色历史城镇的空间格局

自运河航道疏凿与贯通之时起，漕运带来的转运、灌溉、商贸之利对沿运特色历史城镇的空间格局即产生了决定性影响，推动了中国最早的南北向城镇发展轴线渐次建立。在春秋战国早期阶段，运河各段分属割据政权管辖，沿运虽已有城市出现，但并未成体系。隋至宋时期，大运河尚以洛阳为中心，北至蓟州，南至浙东的弓弦型通廊，江苏东部、南部及浙江地区城镇率先发展。此时，苏州、扬州、杭州、绍兴、宁波等城市为区域经济政治中心，其周围市镇不断增长，次级副中心衍生，呈现循运道向两侧扩散，进而连通多个中心城市的发展趋势。以扬州为例，扬州府城周围有宝应、仪征、高邮等大型市镇，其作为南北交流、货物集散、商品交易的副中心，向北可接淮安，向南可通镇江，形成了"中心城市

—副中心—中心城市"的联通发展格局。而元至清时期，南北大运河截弯取直进一步带动了鲁南、徐、宿城镇繁荣兴起，有窑湾、泇口、土山等小型市镇出现，促进了沿运地区"中心城市—副中心—小型镇—副中心—中心城市"格局的形成。与此同时，进一步向远离运河地区的平原腹地扩散。在漕运、盐运、对外贸易的共同作用下，济宁、宿迁、淮安、盐城、南通、南京、扬州、镇江、无锡、常州、苏州、杭州、嘉兴、绍兴、宁波等中心城市的轴线作用得到进一步强化，沿线的小城镇、村落不断涌现，最终形成了以大运河（鲁苏浙段）为驱动机制的南北向网状市镇带。

（3）大运河（鲁苏浙段）网络遗产空间的形成及研究对象选取

大运河（鲁苏浙段）特色历史城镇的孕育和壮大得益于自然水系的长期滋养。区域形成了以大运河水网为骨架，以河流毗邻的城镇、湖泊为斑块，具有自然调节能力的有机系统，将天然杂陈的地理环境与人文风貌纳入物质与能量循环的整体机制，以进一步协同发展。大运河（鲁苏浙段）带动了区域社会农田水利、商业经济及社会制度的整体性变迁，长期以来，运河水道又成为特色历史城镇商贸交易、物资转送、农田灌溉的主要动脉，二者在经济、社会、文化等多方面都紧密相连，特色历史城镇成为大运河历史的主要载体。

本书基于对大运河特色历史城镇的定义，依托两大判定标准，选取大运河（鲁苏浙段）特色历史城镇的主要研究对象：① 真实性、完整性，要求相关特色历史城镇与大运河应存在历史上的直接关联，在历史中曾真实存在且现在依然存在，同时具有一定的保护与发展价值；② 代表性、重要性，与大运河（鲁苏浙段）相关的聚落浩若烟海，本书基于研究目的，重点关注在大运河（鲁苏浙段）历史发展过程中具有重要地位、运河文化典型性以及代表性的城、镇、村，并以此为标准对大运河（鲁苏浙段）特色历史城镇的研究对象进行判定，进一步保证研究的合理性与可信度。基于以上要求，本书以古籍资料为主要参照，在历史验证的基础上，最终认定与大运河密切相关的主要城市 20 个、主要县（区）148个、主要镇（街道）218 个，主要村落 55 个（见附录 1）。需要提及的是，不论是基于历史或是基于当下而言，大运河（鲁苏浙段）特色历史城镇"村"一级单位的行政等级与地理位置都具有较强的不稳定性，常在"村—镇"两级行政等级中游移，也可能经历数次集体迁徙，对其真实性的考证较难实现。与此同时，具有活态运河文化代表性的"村"也多以具有活态运河文化代表性的"镇"为依托，二者在空间中形成包含关系，又因本书研究范围跨越省级区划，以"村"为单元的空间格局难以清晰展现。综合上述考量，本书最终以"省—市—县（区）—镇（街道）"为主要研究对象，以"镇"为最小绘图单元。

大运河（鲁苏浙段）特色历史城镇的空间格局可以明确，在历史发展中，大运河（鲁苏浙段）不仅带动了沿岸城镇的兴起与发展，远离运河航道的市镇也可能与活态运河的发展有着密切联系，是承载大运河文化的重要文化遗产。历史视角下的大运河（鲁苏浙段）文化遗产空间应从运河两岸的带状区域进一步扩展至网状区域，重视相关特色历史城镇的文化意义与历史价值。

2.3 基于遗产特征的大运河（鲁苏浙段）文化遗产保护方法探究

2.3.1 线性文化遗产视角下大运河文化遗产保护的相关研究及分析

基于前章对大运河（鲁苏浙段）研究对象的判别，本章进一步对现有"文化线路、遗产廊道、线性文化遗产"在大运河文化遗产保护研究中的适应性进行系统分析（见表2.8）。

表2.8 大运河文化遗产保护的相关研究

（来源：作者自绘）

研究主题	遗产点位选取	研究运河范围	保护边界范围	研究目的
文化线路视角下的大运河文化遗产保护				
基于文化线路视野的大运河线性文化遗产保护研究——以安徽段隋唐大运河为例	运河水利遗产、聚落遗产、文化相关的其他物质文化遗产、生态与环境	遗产运河	以沿线历史城镇向外扩散至社区	提出大运河遗产（安徽段）保护措施
协同规划——大运河遗产保护规划编制特点	非物质文化遗产、城乡建筑、运河工程、生态与环境	运河正河、支线、自然河道、相关水系	一类河道线、二类河道线、三类河道线	运河遗产保护规划与协调规划管理机制建立

研究主题	遗产点位选取	研究运河范围	保护边界范围	研究目的
后申遗时代大运河（杭州段）遗产保护问题研究——从历史地区环境"完整性"出发	已列入世界文化遗产和运河沿线所涉及的河道本体、水工遗产、运河市镇	大运河（杭州段）遗产运河	遗产系统3 km范围内的相关遗产	运河绿道系统建设、生态景观保护、遗产活化
基于突出普遍价值的大运河文化遗产保护利用	水工遗存、附属遗存、相关遗产	遗产运河	未提及	加强大运河文化遗产保护利用
遗产廊道视角下的大运河文化遗产保护				
大运河遗产区域化保护规划探讨——以扬州为例	河道与水工遗产、历史城镇、历史环境、农业设施	里运河段、古运河段、瓜洲运河段遗产运河	核心保护区、历史环境保护区、风貌功能协调区	带状区域保护规划
京杭大运河淮安遗产廊道与绿道规划系统	点状文化遗产资源	淮安段里运河、新辟大运河、黄河故道	遗产河道两岸各500 m、相关遗产资源点周边1000 m	运河绿道网络系统、慢行系统、风景路线规划
基于遗产廊道构建的运河遗产保护规划探索——以京杭大运河苏州古城段为例	运河工程设施、聚落遗产、古建筑等历史古迹遗存和非物质文化遗产	在用运河、老运河、与大运河相关河道	200 m核心保护区、200～600 m特色风貌服务区、600～1 400 m建设控制缓冲区	慢行绿廊、主题游线、解说系统
大运河扬州段遗产廊道构成与游憩系统开发	河道本体、水工遗产、历史相关文化遗产、地理位置相关文化遗产、生态与环境	大运河扬州段遗产运河	未提及	慢行游憩系统建立
遗产廊道模式的运河旅游开发——以江苏扬州为例	生态与环境、相关文化遗产	古运河扬州城区段遗产运河	大运河两侧1 000 m核心保护区	运河旅游开发

第2章　发现文化网络——大运河（鲁苏浙段）遗产特征分析

研究主题	遗产点位选取	研究运河范围	保护边界范围	研究目的
京杭大运河扬州段运河遗产廊道构建及茱萸湾段设计	运河水利遗产、聚落遗产、其他物质文化遗产、生态与环境	大运河扬州段遗产运河	运河遗产带、遗产保护边界、地物边界、景观	山水绿廊、慢行交通、解说系统
遗产廊道理念下大运河风景路的规划研究	遗产点、历史城镇、生态与环境、非物质文化遗产	大运河淮安段运河遗产	未提及	风景路慢行系统
整合型淮安市里运河文化遗产廊道保护的必要性和可行性研究	点状物质文化遗产、线状物质文化遗产、片状物质文化遗产、非物质文化遗产	里运河淮安城区段、沿里运河水形成的城市古代水系网	以相关历史文化街区、古村、古镇的范围为基准	遗产廊道整合规划
线性文化遗产视角下的大运河文化遗产保护				
遗产旅游视角下无锡城区段运河水系线性文化遗产资源价值研究	核心空间遗产（运河）、附属空间遗产（沿岸）、衍生空间遗产（聚落）	大运河无锡段遗产运河	基本以聚落为边界	运河遗产资源价值评估、整体性规划
蓝绿空间规划下线性文化遗产的利用研究——以浙东运河绍兴段为例	物质文化遗产、非物质文化遗产、生态与环境	浙东运河绍兴段遗产运河	主要遗址区、保护区、缓冲区、文化展示区	宏观构建安全保护格局、中观打造生态网络体系、微观营建活动游憩空间

综合而言，现有线性文化遗产保护方法在大运河文化遗产保护研究中有几个主要优势。首先，大部分研究与相关实践关注到了区域生态环境与运河文化遗产的一体化共生关系，多将生态纳入了文化遗产保护的整体框架，注重文化遗产文化价值和区域生态的可持续协调发展。其次，大部分研究开始关注文化遗产保护的经济效益并探讨了具体实现方法，将文化遗产保护与经济发展相结合，一定程度缓解了现今二者之间突出的矛盾关系，为大运河文化带（鲁苏浙段）的建设提出了一条可循路径。最后，现有研究关注到了运河聚落遗产的重要价值与文化意义，将与运河相关的聚落视为片状空间遗产，也进一步验证了本书对特色历史城镇文化价值的认知。综上所述，线性文化遗产保护方法为大运河文化遗产的保护与发展提供了众多极具实践价值与参考意义的研究成果，也为本书研究提供了坚

实的理论支撑、指明了具体方向。但就建立于历史脉络发展视角下的大运河（鲁苏浙段）文化遗产而言，线性文化遗产保护方法尚无法完全涵盖运河水系与区域社会的整体性遗产保护目标，其原因主要为以下四点。

（1）以大运河的遗产运河部分为主要保护对象而较少关注运河水网的整体性特征。线性文化遗产保护方法的共性特点即大多仅关注大运河主航线的文化遗产保护，学者聚焦的大运河扬州段、淮安段、苏州段均是运河主航道与支线航道的主要交点城市，重要支流有盐河、通扬运河、破岗渎等，是运河蓄泄、漕盐转运的重要历史航线。但现今研究对此关注尚少，将运河主航道与支线分离，是线性文化遗产保护理论在活态运河文化遗产中的主要不适性特征之一。

（2）多以大运河主水道为保护中心，以覆盖遗产资源的比例划定保护范围。在线性文化遗产保护方法的指导下，大多研究已经关注到了运河沿线历史文化街区或历史城镇的文化特性，形成由单纯点状文化遗产保护向面状遗产区域扩张的整体发展趋势。但总体而言，依旧遵循以划定遗产保护核心区、缓冲区为主的保护方法，以覆盖遗产点资源的数量设定带状保护区范围，将保护空间限定在以运河为中心的两岸带状区域。实际上，运河遗产资源以市镇为依托，而与运河相关的市镇往往散布于沿运城市之中，大多并非紧密依靠运河沿线分布，以距离为基准的保护区域划定是活态运河文化难以被充分认知的重要原因。

（3）重点关注大运河的水文化或漕运文化，较少关注运河与区域文化的互动与关联特性。现今，大多数研究在对运河物质文化遗产的判定中，多以文化遗产与运河文化的关联性和密切度为主要判定标准，以运河文化为中心视角，将运河文化视为独立的、自成一体的特殊文化类型。实际上，运河文化由大运河与区域社会传统文化长期演变而来。区域文化是哺育运河文化的一抔沃土，运河文化并非脱离地域文化与传统文化存在。因此，将运河文化与地域文化相融合，是构建区域社会运河文化认同、重塑集体记忆的重要方法。

（4）多以客观标准将文化遗产分类，对文化现象的关注较少。在线性文化遗产保护方法的指导下，研究大多以物质文化遗产、非物质文化遗产、生态与环境作为文化遗产的主要分类标准，且进一步将物质遗产细分为水工遗产、历史街区等，将点状文化遗产与片状文化遗产分立而论、将文化遗产以"物质—非物质"综合而论。但实际上，不论是与运河漕运相关的生产生活或跨区域交流活动，或是在此类活动中创造的古典园林、水工设施、宗教寺庙、传统曲艺等文化精华，其文化产生与传承的主体都是"人"。而特色历史城镇既是"物"的空间载体，也承载了"人"在运河产业经贸活动、社会制度变迁、农田水利活动中的生活与生产场景。较少关注大运河特色历史城镇对文化传承的重要作用，将丰富的大运河文化类型以客观分类一概而论，一定程度上忽视了各文化遗产背后的特色化差异。

2.3.2 大运河（鲁苏浙段）文化网络的适用性与必要性

本书综合线性文化遗产保护理论在大运河（鲁苏浙段）文化遗产保护中的相关问题，提出如何将大运河（鲁苏浙段）水网系统、所处的整体区域、地域文明背景和运河文化场景纳入同一遗产保护系统之中。对于这一问题的解答，"文化网络"为具有中国文明特征的大运河（鲁苏浙段）文化遗产保护方法提供了可以参考的演进路径。现针对以上问题作出详述：

（1）文化网络认为，运河文化遗产的河道本体包含遗产运河与区域水网整体。文化网络认为，运河主航道固然为大运河最为重要且典型的组成部分。但从遗产的完整性与真实性而言，与运河主干相关的支流水系因为较少受到不断地改道和现代化改造，水道的原始形态和相关历史遗存往往更加完整地保存至今，其综合价值可能超过运河主河道遗产的价值，并与运河主河道共同构成了区域人工水网，成为地区文明生成与发展的环境基质[43]。

（2）文化网络指出，运河文化遗产价值应以其与运河文化的密切关系为主要判定标准，而非距离远近。董卫学者以江南城乡为例，指出江南城乡依托江南运河及其支系的滋养而生成、发展，人居聚落在发展过程中又进一步对水网进行人工化改造，运河水网与区域城镇形成了互相依托的发展关系。此外，他指出运河遗产是由运河水网系统所支持的城乡系统及其遗产所构成的巨大遗产体系。文化网络不仅将运河遗产的区域范围扩大到与运河密切相关的城镇村落，更指出有些运河遗产虽远离大运河主河道，但其与大运河主河道在历史上具有密切的相互关联特性，也是运河遗产的重要组成部分。

（3）文化网络将运河文化遗产的判定标准扩展为运河与区域文明在互动中产生的全部遗产。文化网络指出，大运河在发生发展过程中已经融入了庞大和复杂多变的地方水网之中，形成了一种人工化的交通、灌溉、聚落和生活系统，这一巨大的遗产体系是地区文明整体发展的结晶。地区文明的发展也自始至终与以运河为骨干的人工水网密切相关，运河遗产是地域文明文化精华共同组成的结果。因此，本书提出以文明的发生发展过程作为评判运河遗产的主要衡量标准，而非仅关注主航道或者航运功能。

（4）文化网络关注到了运河水网与区域社会在产业、生态等层面的互相作用，打破了单纯以"物质—非物质"划分文化遗产类型的分类方法。文化网络理论指出，作为运河主要产业的航运业，一直是稳定支撑地区社会经济发展的重要因素之一。同时，航运业的发展又有赖于沿岸水利、农业、手工业等产业的发展，二者的互动反映了区域产业发展的历史脉络，较早也较为明确地在遗产保护视角下提出了带有特定文化场景的运河文化遗产认知。进一步扩展此视角，发现运河水网在区域社会的社会制度变迁、农田水利等方面类似的特性与作用，成为整体性认知大运河文化的重要基础。

综上所述，文化网络认为，运河遗产是以不同历史时期人工与自然结合的水网为代表的、反映区域开发和繁荣过程的遗产网络体系。在大运河文化带的具体建设目标下，文化网络能够更好诠释大运河（鲁苏浙段）的中国文明特征以及运河遗产作为地域文明整体发展结晶的重要价值。同时，城乡网络作为运河文化遗产网络、产业网络的主要载体，被纳入文化遗产区域性保护的一体化进程之中。文化遗产保护真正实现了由带状区域保护向网状区域保护的演进，建立了大运河与区域社会的良性互动机制，成为本书的主要抓手与落脚点。

2.4 本章小结

与运河遗址相比，活态运河在文化、经济、生态等层面的实用价值与文化意义更为突出。本章在对活态运河及相关特色历史城镇历史演进的探析中，指出运河遗产本体由线性主航道扩展为区域水网、运河遗产空间由带状区域扩展至网状区域是基于中国文明特征下活态运河文化遗产保护的要求。为验证此观点，对现今基于线性文化遗产保护视角下的大运河文化遗产保护研究进行梳理，提出线性文化遗产保护在活态运河文化遗产保护中可以进一步完善的四个方面，并以此为基础、以文化网络为支撑，将活态运河水网系统、特色历史城镇、地域文明背景和运河文化场景纳入整体文化遗产保护系统，作为大运河（鲁苏浙段）文化网络研究整体开展的理论基础。

第 3 章

从文化线路到文化网络：
大运河（鲁苏浙段）研究框架构建

文化网络为中国历史视角下的大运河（鲁苏浙段）文化遗产保护提供了一条可循路径。为能够系统、全面地展开大运河（鲁苏浙段）文化网络的整体研究，本章基于现有研究成果，以文化生态学为主要视角，将大运河（鲁苏浙段）文化网络研究划分为"鲁南、苏北、苏中、苏南、浙北、浙东"六大空间板块，指出文化网络具有"显性—隐性"两大属性，应从"共时性—历时性"维度，以"历史资料研究—历史信息转译—建立空间格局—模式类型重组"的整体研究思路，基于"生态、社会、经济、文化、空间"五个层次构建大运河（鲁苏浙段）文化网络的整体研究框架，并将其作为大运河（鲁苏浙段）文化网络研究的理论基础。

3.1 大运河（鲁苏浙段）文化网络研究的意义与原则

3.1.1 大运河（鲁苏浙段）文化网络研究的现实意义

当下，中国经历了社会制度的巨大转变，国家多以提出"国家战略"的方式推动在特定历史时期制定的、综合发展和合理配置国家力量的国家目标实现[65]。"大运河文化带建设战略"的提出即表明当下国家对大运河文化遗产保护及区域社会经济联动发展有了更新的要求，大运河（鲁苏浙段）特色历史城镇作为中国南北向城镇带再次走向一体化发展道路，是国家政治干预下协同共进的重要契机。同时，"京津冀协同发展""黄河流域生态保护和高质量发展""长江经济带发展""长三角一体化发展"等重大国家战略的提出与"大运河文化带"一同构建了东部地区的战略发展空间。在此契机下，大运河（鲁苏浙段）特色历史城镇作为中国少有的南北向城市发展轴线，向北可连接京津冀城市群，向南可连接长三角城市群，纵贯长江、黄河两大经济带，对华北平原至长江中下游平原城市群的一体化布局有着重要的空间战略意义。在大运河文化带建设战略的推动下，大运河（鲁苏浙段）文化网络成为挖掘文化遗产、推动建立区域社会经济可持续发展良性互动机制、推动区域一体化发展进程的重要抓手。

3.1.2 大运河（鲁苏浙段）文化网络研究的原则

（1）整体性原则

应充分考虑大运河文化遗产的内涵整体性与区域整体性，将大运河（鲁苏浙段）的区域水网、相关特色历史城镇、文化遗产资源、自然系统完整纳入文化遗产保护工作，全面且综合地制定大运河（鲁苏浙段）文化网络研究框架，最大化维护大运河（鲁苏浙段）的整体文化价值。

（2）真实性原则

真实性是文化网络构建与研究的价值基础，大运河（鲁苏浙段）特色历史城镇的历史研究应建立在对史籍资料准确把握的基础之上，其城镇发展史、经济发展史、文化交流史、生态格局等相关资料是活态运河与所处区域文明互动过程的研究支撑，复杂多样的文化内容以历史信息的形式构成了活态运河文化的整体价值，对活态运河相关特色历史城镇真实史料的准确认知是科学构建大运河（鲁苏浙段）文化网络的基础。

（3）灵活性原则

活态运河的相关文化遗产并非一个固定的内容与既定的概念，在运河史不断挖掘与国家政策的适宜性调整下，其将不断地吞吐文化遗产资源，自身的边界也将不断拓宽或收缩。因此，大运河（鲁苏浙段）文化网络是动态更新的文化区域，其保护方法与发展策略应随其保护对象内容、保护范围的变动，在尊重其真实性、完整性的基础上动态调整，机动地制定与执行发展计划，适应因社会发展而不断变化的新思想与新环境。

（4）文化和经济的可持续发展为主导

大运河（鲁苏浙段）文化网络的建设应以遗产保护与区域经济发展为主要目标，本书通过对大运河（鲁苏浙段）特色历史城镇的深入排查、系统筛选和模式探究，挖掘其内在发展机制，以在整体性保护视角下进一步推动大运河（鲁苏浙段）沿岸区域社会经济振兴与可持续发展。

3.2 大运河（鲁苏浙段）文化网络研究的六大空间板块

《规划纲要》指出，大运河沿线 8 省（市）是推进大运河文化保护传承利用的主体，应以省为单位出台本地实施规划[2]。2012 年至 2021 年 5 月期间，鲁、苏、浙三省在国家政策的引领下，编制了《大运河浙江段遗产保护规划》《江苏省大运河文化遗产保护传承规划》《山东省大运河文化保护传承利用实施规划》

《浙江省大运河文化保护传承利用实施规划》《江苏省古运河旅游发展规划》《大运河（山东段）文化和旅游融合发展实施方案》等规划文本。大运河（鲁苏浙段）以省域为单位开展文化遗产保护工作，成为国家政策引导下的重要发展方向。

但实际上，以省级行政边界为基准对大运河遗产保护区域的简单划分，使活态运河的整体性保护价值受到威胁。与此同时，研究区域的划分也不能简单地以运河水道为界。其原因在于，在大运河（鲁苏浙段）发展初期，各段运道的开凿与贯通往往具有历史背景和地理因素的共通性，但在运河与区域社会的交互过程中，各段运河受社会、经济、生态因素的影响，往往产生差异化的发展方向，相关特色历史城镇亦受到不同程度的影响，具有不同的文化生态特征，江南运河、浙东运河及其相关特色历史城镇即为典型案例。

从地理空间来看，同属于浙江境内的嘉杭湖与宁绍地区，又分属于江南运河和浙东运河两段水道。长期以来，嘉杭湖与苏锡常三地的自然环境、社会环境与经济环境都更为相似，与宁绍两地差异较大。但实际上，嘉杭湖、宁绍地区在历史上曾长期作为同一政权统治下的政治与经济共同体，是一个不可分割的整体。

春秋时期，越国疆域覆盖今嘉杭湖以及宁绍地区，以杭州湾的固陵港、浦阳南北津等联通钱塘江南北两岸地区。长时间内，两地活动的先民都以越人为主。春秋战国时期，宁绍地区的耕地尚只在台地范围内，在中原人眼里是一个"难于言化"之地[100]。而在秦时期，大一统格局确立，两地首次被中原统治者纳入全国性管辖范围[101]。但即便如此，两地居民仍以越人为主，其环境恶劣且人烟稀少，多作为囚徒和徙民的安置之所[102]。东汉末年，孙吴定都的建业为政治中心，遍布沮洳之地的吴郡和会稽成为其经济中心。当时的会稽郡含今萧山区和宁绍平原的广大区域，三地以运河水道相连。漕船可经江宁从秦淮河沿破岗渎到丹阳，自丹阳循江南运河至吴郡。吴郡的漕船则可沿江南运河南行至杭州，过杭州湾经西兴运河抵达宁绍。而唐末钱氏建吴越国，又将杭、越两州紧密地联结在一起。长期以来，它们具有相似的政治底色。然而，在历朝历代的政治变迁中，嘉杭湖与宁绍在政治与经济一体化的发展格局上虽早有渊源，但与苏常又同属太湖流域，受其社会与经济发展的相关影响，既成了太湖流域城市群的重要组成部分，也与宁绍地区保持了密切联系。

因此，为便于灵活探究大运河（鲁苏浙段）文化网络，本书在各文化生态层次中，将具有共通发展进程的特色历史城镇纳入统一研究体系。同时，验证现今以省级为单位管理大运河（鲁苏浙段）的合理性。并将大运河（鲁苏浙段）特色历史城镇以地理区域为主要命名方法，划分为便于研究的最小单元，以通过最小单元的灵活组合，实现大运河（鲁苏浙段）文化网络的整体研究目标（见表 3.1）。

表 3.1　大运河（鲁苏浙段）特色历史城镇研究板块划分

（来源：作者自绘）

特色历史城镇区域板块	涉及城市
鲁南板块	济宁、枣庄
苏北板块	徐州、宿迁、连云港
苏中板块	扬州、泰州、南通
苏南板块	苏州、无锡、常州、镇江、南京
浙北板块	湖州、嘉兴、杭州
浙东板块	绍兴、宁波

本书将大运河（鲁苏浙段）特色历史城镇划分为"鲁南、苏北、苏中、苏南、浙北、浙东"六大板块，其优势有以下几点：（1）各板块之间的城市没有重叠或缺失，能完整涵盖全部研究区域；（2）各板块之间通过两两组合可以囊括完整的运河水道区段，或较为完整地表现区域的整体发展态势，避免研究中将运河水道割裂或重复论述区域发展历程的情况发生；（3）各区域板块建立于现今省级行政区域之下，在研究过程中的连结可以直观展现大运河（鲁苏浙段）特色历史城镇跨越省域的发展特性，为大运河文化带（鲁苏浙段）的整体保护发展奠定基础。

3.3　大运河（鲁苏浙段）文化网络的"显性"属性与"隐性"属性

现今，国家政策要求大运河文化带建设既要延续运河的传统文化、彰显运河文化的特点，又要实现沿岸区域社会从历史到未来的长足发展。前章研究指出，大运河（鲁苏浙段）特色历史城镇的孕育及发展与运河疏凿有着密切渊源。吴良镛指出，研究典型地区地域发展历史，对当今城镇体系的研究、认识城镇分布空间格局所构成的区域特色与多样性及整体个性亦有所启发[102]。大运河（鲁苏浙段）特色历史城镇的空间格局是活态运河文化生态系统传承至现代社会的时代缩影，对特色历史城镇发展历史的研究与空间格局的构建是更为深入地理解现今大运河（鲁苏浙段）特色历史城镇的前提。与此同时，罗西指出，"空间"是"文脉"的几何化表征，指明在"空间格局"的背后还暗含着由时间塑造的文化特性。对不同地理空间格局背后影响因素和生成逻辑的深入理解，是进一步挖掘大运河（鲁苏浙段）特色历史城镇多样性和个性产生原因的方法，是研究区域活态运河文化、实现可持续发展的重要视角之一。

综上所述，大运河（鲁苏浙段）特色历史城镇具有"空间—文脉"的一体两面特性。基于大运河文化网络的现有研究成果与研究体系，本书将其进一步转译为"显性—隐性"两大主要属性并进行系统定义。

一方面，对显性文化网络进行定义。显性文化网络即立于历史的视角，以特色历史城镇为空间载体，对因大运河而生、受大运河影响而产生的生态格局演变、社会制度发展、经济模式转变、文化系统演进进行梳理，将各类文化生态资源与城镇发展空间和人的作用相链接，是对大运河（鲁苏浙段）特色历史城镇在活态运河文化发展过程中文化意义与重要地位的直观认知。

另一方面，对隐性文化网络进行定义。隐性文化网络即在"文化、生态、社会、经济"各层次文化网络中，将具有相同模式的特色历史城镇区域板块组合起来，对其文化生态生成原因的内在发展机制进行探究，是对显性网络的进一步解构与重组，对明确大运河（鲁苏浙段）特色历史城镇背后的共通文化特性具有重要意义。

3.4 基于文化生态学的研究层次与具体研究内容界定

综合学界现有文化生态学层次构造的研究成果，本书将文化生态划分为"文化、生态、社会、经济"四个主要层次。基于前文所提及的相关学者的研究成果与著作，本书结合研究对象，在共时性与历时性两大维度对各层次的具体内容进行相关界定（见图3.1）。

（1）文化层次

文化的文化层次包含文化区、文化类型、文化丛等。其中，文化区是基于文化特质分类方法的区域，具有固定的文化特征，如齐鲁文化区、吴越文化区、中原文化区等等。文化类型是人类社会群体在共同的社会背景下通过参与社会事务创造的特殊的工艺技术、风俗、习惯、道德、制度等社会文化，以及在长期发展中将各种文化特质整合而形成的一种文化体系，具有独特的价值取向。文化丛是在功能上围绕着一个中心文化内聚起来文化聚集区，如宗教文化等。文化层次的共时性可以理解为对现存区域文化区与文化类型发展模式的整体性认知，文化层次的历时性则可以理解为在历史视角下，对研究区域中区域文化的下级文化分区以及特殊文化类型发展与演变过程的梳理。

（2）生态层次

文化的生态层次主要包含人类文明产生所依靠的地理和自然环境，是影响文化生产与发展的第一重要变量。从共时性角度而言，生态层次包含了所研究区域的土壤、水源等自然环境的共生机制。从历时性角度而言，生态层次即探究区域地理和自然环境与人类在互动过程中的动态发展过程，寻求长期以来具有稳定特性的、被人类文化创造的河流、聚落、农田景观格局。其中，聚落是人类在自然环境中创造的、受自然力支配的环境要素，代表了人类可以利用自然条件创造文化环境的适应特性。

（3）社会层次

文化的社会层次即因文化发展而形成的组织形式与社会制度，内含各种社会群体与集团。从共时性视角而言，社会层次指区域社会的个体与群体之间长期以来形成的稳定管理模式与社会关系。而在历时性视角下，社会层次主要探寻研究区域在社会制度与组织形式形成过程中所承担的治理角色，以及各管理系统之间的协同作用。

（4）经济层次

文化的经济层次是文化生态的基础与枢纽，区域社会的物质生产方式为文化的生长提供了经济土壤。从共时性视角而言，经济层次包括研究区域的经济发展模式、产业布局和供应关系等。在历时性视角下，经济层次主要探寻区域产业发展历程与不同类型产业发展的形成原因。

基于以上界定，本书将"历时性—共时性"两维度、"生态、社会、经济、文化"四大层次作为运河文化网络研究展开的主要依据，形成同一体系下多维度的大运河（鲁苏浙段）特色历史城镇发展历史脉络、承载的运河文化要素、协作模式等研究的互联互通，作为大运河（鲁苏浙段）文化网络框架构建的重要参照。

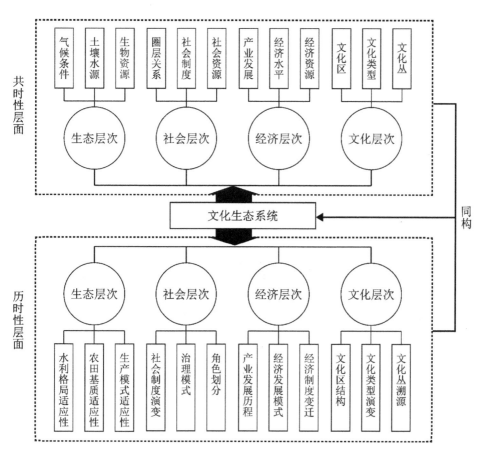

图 3.1　大运河（鲁苏浙段）文化生态系统

（来源：作者自绘）

3.5　研究路径与数据来源

3.5.1　研究路径——"空间"层次的引入

　　本书在文化生态视角下，以文献研究法、历史信息转译法、类型学研究法为主要研究方法，以"历史资料研究—历史信息转译—建立空间格局—模式类型重组"的整体研究路径，构建"显性—隐性"共生的文化网络，作为开展文化网络研究的基础。

　　本书结合研究需要，借鉴董卫学者提出的历史信息系统整合理论，实现特色历史城镇历史演变与未来区域发展的有效对接。历史信息整合理论即在古代城市文脉的基础上，对古代城市空间发展过程中对本书有价值的历史信息节点进行提取，以统一且直观的图示表达将历史信息融入现有的城市空间格局，形成一系列现代城市地图，凸显研究区域城市间联系和功能协同对于城市体系演化的作用和意义[103]（见图 3.2）。本书以历史信息引导城市空间发展和管理，具有形成古今一体化历史城市保护及空间发展战略、将发展与保护有机协调的理论优势，在此基础上，将"空间"引入文化生态现有四大层次，最终通过"文化、生态、社会、经济、空间"五大层次对文化网络展开系统研究。

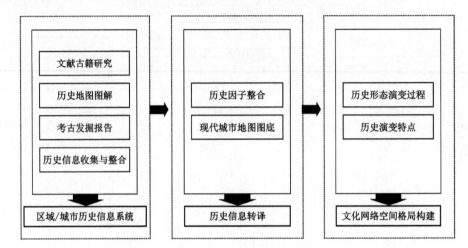

图 3.2　基于本书研究需求的研究路径模型构建

（来源：作者自绘）

3.5.2　研究方法与数据来源

（1）文献研究法

本书以文献研究法探究大运河（鲁苏浙段）特色历史城镇的历史发展脉络、构建空间格局，其历史信息来源可分为现代史籍资料与古代史籍资料两类。现代史籍资料主要包含运河史、运河城市发展史、水利史等。20 世纪 40 年代以来，众多学者基于相关史料对大运河水道演变、漕粮体制、河工设施的历史进行全面且系统的研究。21 世纪之初，学者进一步将运河纳入区域社会的整体发展进程，对运河区域社会的人文地理与文化生态进行深入探寻，是梳理运河文化在区域社会中发展历程的重要资料基础（见表 3.2）。

古代史籍资料主要包含通志、府志、州志、厅志、县志等，对各历史发展时期各层次研究区域的社会制度、经济发展水平、基础设施建设等有详细记载，是判别特色历史城镇范围、探究城镇发展进程的一手资料。文献主要来源于各省市地方志平台、文献数据库平台。

表3.2　重要运河现代史籍资料汇总

(来源：作者自绘)

初版时间	作者	书名	主要方向
1944 年（初版） 1988 年（出版）	史念海	《中国的运河》	大运河的历史沿革、制度管理及漕运交通
1944 年（初版）	全汉昇	《唐宋帝国与运河》	
1962 年（初版）	于耀文	《漕运史话》	
1962 年（初版）	朱偰	《中国运河史料选辑》	
1961 年（初版）	朱偰	《大运河的变迁》	
1989 年（初版）	常征、于德源	《中国运河史》	各历史时期与各段运河疏浚、整修相关的闸坝建设等水利工程及管理机构等
1989 年（初版）	岳国芳	《中国大运河》	
1990 年（初版）	邹宝山	《京杭运河的治理与开发》	
1998 年（初版）	姚汉源	《京杭运河史》	
2001 年（出版）	陈璧显	《中国大运河史》	
2001 年	安作璋	《中国运河文化史》	全面而深入地探讨了中国运河文化发展的全貌和轨迹
2005 年	傅崇兰	《中国运河传》	
2008 年	陈桥驿	《中国运河开发史》	
2013 年	李泉	《运河文化》	
2014 年	邱志荣、陈鹏儿	《浙东运河史》	对浙东运河的专项研究

(2) 历史信息转译法

为保证历史信息与现代城市格局对接的清晰性、准确性，应用 ArcGIS 10.8.2 对现今城市省级、市级、县级以及镇级行政边界进行提取，将古代特色历史城镇的文化、生态、社会与经济要素转译至现代城市地图，便于从空间视角理解运河与特色历史城镇的发展脉络，合理提出特色历史城镇发展策略。

在地图的图底空间数据层面，现代地图行政区划的数据来源于国家地理信息公共服务平台，为本书研究的科学性、合理性提供支撑。

在相关空间分析研究中，研究通过 ArcGIS 10.8.2 的"核密度分析工具"(Kernel Density)，直观展现研究区内代表性物质文化遗产与非物质文化遗产资源的空间分布情况及分布趋势，便于准确、清晰认知大运河（鲁苏浙段）特色历史城镇的文化特征与文化传播走向，深入探寻大运河（鲁苏浙段）文化层次的文化生态网络。

(3) 类型学研究法

类型学研究法是大运河（鲁苏浙段）隐性文化网络的主要构建方法，即通过对大运河（鲁苏浙段）特色历史城镇的时空演变研究，挖掘"鲁南、苏北、苏中、苏南、浙北、浙东"六大区域板块之间的共通模式，总结同一模式中的内在机制，挖掘相关特色历史城镇之间的共通文化背景与内在连结。

3.6 大运河（鲁苏浙段）文化网络的研究框架构建

基于前章研究，对大运河（鲁苏浙段）文化网络研究框架从"显性—隐性"两个属性，"历时性—共时性"两个维度，"生态、社会、经济、文化、空间"五个层次进行构建（见图3.3）。

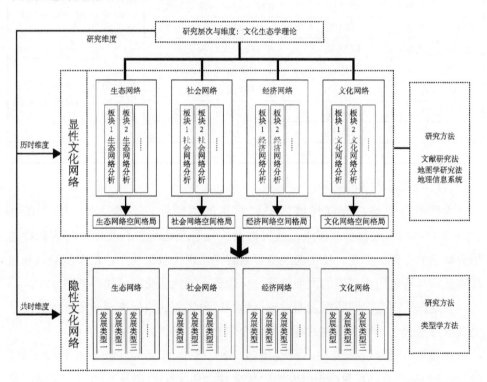

图3.3 大运河（鲁苏浙段）文化网络研究框架

（来源：作者自绘）

第 4 章

显性网络：大运河文化带（鲁苏浙段）空间格局分析

古代先民是活态运河文化的创造者与传承者。在大运河（鲁苏浙段）约两千五百年的演进过程中，相关特色历史城镇成为活态运河"文化、经济、社会、生态"四大文化生态层次的空间载体，是追溯活态运河与区域文明互动过程的重要历史坐标。本章基于古籍史志等相关资料梳理大运河（鲁苏浙段）与特色历史城镇的互动发展历程，进一步通过古今历史信息的转译在空间层面构建大运河（鲁苏浙段）文化网络。对大运河（鲁苏浙段）"生态、社会、经济、文化、空间"五大方面的文化网络进行系统分析与构建，是历时性视角下对相关特色历史城镇在活态运河文化传承中重要地位与文化特性的直观认知。

4.1 大运河（鲁苏浙段）生态网络的空间格局分析与构建

古代中国，国家用粮仰赖漕运，漕粮供给之源即分散在各地的小农群体。在封建社会，尤其是春秋战国等商品经济尚未萌芽的历史阶段，小农群体长期依赖土地，多通过以个体家庭为单位的农业生产满足自身所需。因此，为保证封建统治赋税之源的长久稳定，统治者多以水利的充分开发与调节改变传统农耕仰赖自然环境的固有模式，不断推进农业生产增值。因此，历代以来，兴建运河水利、疏浚埋废旧河成为国家机关的重要政务，地区农业发展水平、作物种植种类均受到水利开发程度的极大影响。水利格局、农田基质、作物种植情况成为探究大运河（鲁苏浙段）因运而生的生态网络的重要指标。

4.1.1 鲁南板块特色历史城镇生态网络分析

（1）鲁南板块特色历史城镇水利格局

鲁南地区水量丰枯不均，自然水系往往全部供给运河之用。济运的支水主要为泗水、沂水两河及白马河、大清河、小汶河、柳林河、荆沟河、薛河、茅茨河、丞水等支流水系，济运的湖泊主要倚重独山湖、南阳湖、昭阳湖、微山湖，同时配有马场湖、南旺湖、马踏湖三个水柜济运。同时，为了避免县镇民众受到黄河影响，明弘治年间（公元 1488—1505 年）在今废黄河北部修建太行堤和金龙口堤二堤，使金乡、鱼台一带先民少受黄泛之侵扰[78]。总体而言，形成了以南四湖水柜和运道为中轴、支流呈梳状分布于运河两侧的水利水网格局，延续近300 年。

清末，鲁南地区占湖为田的现象剧增，加之黄河北徙以后新河航运功能的衰退，运河原有支流水系和水柜的蓄水调节功能不断降低，水面不断收缩，自然湿地被大量改造为人工湿地，水网密度大不如前。新中国成立之初，为解决济宁以北城市的排水问题，新开梁济运河，部分水柜与济运河道再无存在的必要，已经完全消失。但实际上，如果今日济宁之周仍保有相当的河湖资源，将是开发生态湿地旅游景区、维系鲁地水利记忆的重要机遇。

（2）鲁南板块特色历史城镇农田基质

鲁南为山东腹地，集优良水土环境与自然气候于一体，极适于农业发展。但实际上，有漕时期鲁南地区农田基质与运河水系并非互惠的关系。鲁南农田以旱地为主，多分布于离河的县级地区一带。水与田在空间与互动关系上，均表现出低关联性。其原因在于，有漕地区，与运道相连的人工或自然水系多为济运所用，受国家严格管理，农田灌溉私自用水者即为"盗"[104]。长此以往，运河地区，尤其是鲁南地区的水利匮乏之地，漕河与农田的矛盾愈演愈烈。与此同时，引泉水灌溉也是农业区灌溉的常见方法，但鲁南地区也仅有两处引泉水灌溉见于记载。元代，峄县的许池等泉曾"散漫四郊，灌溉稻田"。明清时期，嘉祥县曾有华林泉，但通过自然水系引泉也难得灌溉之利。历代政府为运河治水，不但未大力兴修灌溉设施，更有甚者不惜与民争田。例如，鲁南运河的滕县、峄县地区，多建有堤坝、陂塘等水利设施。历年洪涝时期泛滥的山溪之水，多溢于两县陆地，尽夺民之膏腴[105]。对此，鲁南地区普遍发展了旱地农业，也就无需依赖于大量的水源灌溉，以至于明时，汶上、滕县的西部地区都是较大的产麦基地。据万历《兖州府志》记载，沿运峄、滕、鱼台、汶上、济宁、阳谷、寿张、东平等州县的夏税麦占全府27个州县总数的1/3，其中峄、滕、汶上、鱼台等地的小麦种植比重已占到了本地粮作总面积的五成左右[106]。

（3）鲁南板块特色历史城镇作物种植情况

明清两代，在运河通漕带来大量经济利益、水田矛盾与日俱增的双重影响下，鲁南地区各地农户开始通过果树栽培、棉花种植、蔬菜种植、油料作物种植等经济作物的发展换取利润谋生，商业性农业兴起。

对于经济作物的种植分布而言，果树栽培集中于兖州府一带，峄、滕两地以桑枣和梨树种植为主，在山地丘陵地区也有榛栗种植。除此之外，桃、李、梅、杏、柿等果树种植区广泛分布于兖州府各地。当地农户每年将果品卖于江南，获利甚厚[107]。与此同时，棉花种植也是鲁南地区农户的主要经济来源。万历年间，兖州府的 27 个州县都有种植棉花，鲁南地区以滕、峄、汶上为盛。除此之外，烟草也是山东地区传统的农业经济作物之一，以济宁种植最为广泛[108]。道光以后，运河东部的峄城以北地区开始普遍种植花生等油料作物，济宁、邹城、峄城的白菜多通过运河大量出口。

总体而言，鲁南地区形成了以县治地区旱作农业为主、农作物与经济作物混植的农业发展模式，县治地区虽通过运河支流与运道相连，但水系与农田呈各自独立发展之势。

表 4.1　鲁南板块特色历史城镇生态网络分析

(来源：作者自绘)

所处流域	主要水系	市	农田类型	县、市、区	主要种植作物
淮河与黄河流域	南阳新河、泇运河、南四湖、薛河、白马河、柳林河（现无）、荆沟河（现无）、丞水（现无）	济宁市	旱地	鱼台县	小麦、烟草、白菜
				嘉祥县	烟草、白菜
				金乡县	水稻、旱稻、烟草、白菜
				兖州区	小麦、果树、棉花、花生
				汶上县	小麦、棉花
				邹城市	旱稻、棉花、烟草、花生、白菜
				滕州市	旱稻、小麦、果树、棉花、花生
		枣庄市	旱地	峄城区	小麦、果树、棉花、花生、白菜

4.1.2　苏北、苏中板块特色历史城镇生态网络分析

（1）苏北、苏中板块特色历史城镇水利格局与农田基质

苏北、苏中板块的水利系统均表现为强烈的黄运主导特性，即原始的天然生态格局因为黄运河道的长期影响而实现了较为彻底的转变，形成以运河水系为主体，以"通榆运河—串场河—通扬运河""淮扬运河—中运河"为东西两竖轴，以"古黄河"、东西向"通扬运河"为南北两横轴的"两横两纵"的"井"字形格局。就两地而言，在黄运的双重影响下，区域湖泊的水体面积、水系系统已经发生了巨大的变迁。

春秋战国早期，苏中地区尚有津湖、樊梁湖、武广湖、博支湖、射阳湖、陆

阳湖等分散性湖泊，而邗沟自六个天然湖体之间穿引而过，将其分为东西两部分湖区，切断了原湖体之间的自然水系流势，使运道西部湖区成为邗沟的蓄水区，而东部湖区则为泄水所用，导致西部水势更盛而东部水势减弱。更直接的影响则来自宋孝宗淳熙八年（公元 1181 年）时，黄河夺淮入海。为防止黄泛影响淮扬运道，靳辅、陈瑄等治水官员多通过筑洪泽湖东侧大堤来盛黄河之水。这一治水举措间接促进了湖体水源的整体性变迁[109]。为排黄泛之水，洪泽湖水面不断扩大，随之而来的是运堤的持续增高，以至于在明万历年后，洪泽湖已然成为悬湖。为排洪泽湖之水，运道西部的三湖便成为洪泽湖水壑，原本独立的湖体不断发育，最终连为硕大的一体化水面，称高邮湖。而东部射阳湖长期承担高邮湖和运道的黄泛泄水，因泥沙淤积而不断抬高，导致湖体逐渐退化，最终成为湖荡遍布的天然沼泽之地[110]。长期以来，苏中地区的湖体水源可谓成为"治黄保运"工程的重要组成部分，始终在黄运的作用下被不断影响。

而两地的河流水系，大多也以治理黄泛为目标，成为供给运河的天然水源和黄运系统中不可或缺的一部分。如黄河之水借六塘河向东入海，而中运河段主要借沂河、沭河、不牢河、房亭河等水系济运，洪泽湖、高邮湖、淮扬运河、串场河之间则形成了自西向东的梳状入海水系，以排黄泛之水。

苏中板块的水利变迁促进了圩荡田、垛田、旱田间杂、具有强烈地域特性农田基质的形成。其中，圩荡田主要分布于原射阳湖地区。射阳湖在运河溢水东排的长期影响下，始终未能实现二次发展，最终成为荡、河遍布的大面积碎片化水网。先民在荡中从事渔业，在圩地从事农业种植，圩荡田区自此形成[110]。湖荡垛田则主要分布于兴化地区。兴化地区作为高邮湖泄水的主要流经地，形成了泄水易涝、无水易旱的种植环境。苏中地区人民以极强的生态适应能力将种植土地抬高至地面以上，形成垛田农业区。垛田之间以水路相连，则可以在雨洪之时及时排涝，在干旱时期就地取水，成为兴化地区的主要种植形式之一。可以说，地区的农田基质是长期以来地区人地关系斗争的产物，体现了先民在恶劣环境下适应自然的智慧，其影响延续至今。

（2）苏北、苏中板块特色历史城镇作物种植情况

首先要提及的是，徐州地区在宋代以前被视为国家产粮重地，有"积谷彭城"之说，徐淮两府在历史上也曾长期是稻麦并作地区。但明清时期，苏北地区

因受黄泛影响，铜山、邳州、睢宁、宿迁等地一片汪洋，成为土地盐碱化的不毛之地。与此同时，还屡遭风暴、瘟疫等自然灾害侵蚀，以至于宿迁、邳州等地尸骸遍野，民不聊生[111]。在此极端条件下，苏北虽可产麦、豆、高粱等旱地作物，但在艰难时期仍需要国家漕粮救荒。清乾隆年后，黄泛的短暂治理也小幅改善了苏北地区农业种植条件，各地以种植高产量的旱作作物缓解粮食不足。例如，铜山、睢宁、安东、泗阳、盐城等地农家以甘薯为主要粮产，而阜宁、盐城等在清中后期也广泛种植玉米[112]。这一时期，沿运市镇开始小范围开展经济作物的种植，睢宁种植花生作为油料，宿迁、山阳在乾隆年后种棉益广。但就整体情况而言，经济作物的种植并不广泛[113]。

对于苏北地区而言，黄运的影响也并未改变先民既成的居住模式。西周时，徐州、彭城、下邳、沛城等区域性城市借汴水、泗水、沂水、沭水等天然水系的滋养，聚集于适于耕种的广阔平原[115]。直至黄河夺淮之前，苏北地区漕道始终为汴水、泗水等天然水系，古邳、彭城、下邳、萧县、广戚、利国、垞城、沛城、房村、窑湾、吕城等城镇受航道漕业繁兴的影响而进一步发展，粗水、武水、丰水等支流成为运河支线，带动了粗、利国监、武原、丰县等城镇兴起。可以说，苏北地区聚落在元代以前，倚傍天然水系已经形成一定规模，而运道贯通则更多起到催化作用，而并未对其格局产生决定性影响。

相比之下，明清时期苏中地区的农作物种植与经济作物种植虽囿于"蓄清刷黄"的影响而收益甚微，但苏中地区农户转而利用圩荡田大兴渔业，长期以来形成了"渔耕一体"的农业发展模式，传统农作以稻作为主。清嘉庆年间，高邮、宝应、兴化、泰兴、盐城西部以及江都、东台、通州等平原地带均有稻田，但品种较为单一。与此同时，苏中、苏北两地因土地瘠薄、人民不事商贾，因而未能形成经济作物普遍种植的局面。直至民国时期，兴化、宝应、高邮、江都、泰州、阜宁、建湖的大部分乡镇，以及白甸、墩头、大丰、东台、金湖的少部分乡镇才开始推广棉花种植，植棉乡镇扩大至约 204 个[115]。在此背景下，淮安、高邮、宝应、兴化、泰州等地农户多倚靠江淮地区湖沼的水体资源，以挖藕、挖菱、捕鱼等谋生，形成了"丰年则食稻，贫年则倚渔"的间作生产方式，湖荡地区的村庄也形成环湖而建的布局特性。例如宝应地区的易家庄、白鼠村、金吾庄、蛤拖沟，阜宁的鹤儿湾，盐城市的沙子头在古代皆环湖成庄[116]。

第 4 章　显性网络：大运河文化带（鲁苏浙段）空间格局分析

表 4.2 苏北、苏中板块特色历史城镇生态网络分析

（来源：作者自绘）

流域	相关水系	市	主要农田类型	县、市、区	主要种植作物	镇
淮河流域	通扬运河、淮扬运河、中运河、盐河、洪泽湖、入海水道、沂河—骆马湖、六塘河、淮沭河、黄河故道、二河、苏北灌溉总渠、淮河	徐州市	旱田	睢宁县	甘薯、花生	
				铜山区	甘薯	
		宿迁市	旱田	泗阳县	甘薯	
		淮安市	垛田圩荡田	淮安区	棉花、渔稻间作、麦豆	平桥镇
				金湖县	棉花	
				洪泽区	稻作	老子山镇
		扬州市	垛田圩荡田	江都区	棉花、稻作	仙女镇
				邗江区	渔稻间作	瓜洲镇
				宝应县	棉花、稻作、渔稻间作	氾水镇
				高邮市	棉花、稻作、渔稻间作、棉桑混植	
		盐城市	垛田旱田	东台市	棉花、稻作	
				大丰区	棉花	
				盐都区	甘薯、玉米	龙冈镇
				阜宁县	玉米、棉花、稻麦	
				建湖县	棉花	
长江淮河流域	通扬运河	泰州市	垛田圩荡田	兴化市	棉花、稻作、渔稻间作	
				泰兴市	稻作、棉桑混植	
				靖江市	棉花	
		南通市	塘浦圩田	海安市	棉花	白甸镇墩头镇角斜镇
				通州区	稻作、棉桑混植	

4.1.3 苏南板块特色历史城镇生态网络分析

（1）苏南板块特色历史城镇水利格局及农田基质

苏南的水利系统网络呈现出较为明显的自然主导特性，以江南运河与太湖水系为运河水利的主要组成部分。在地理空间中，江南运河与太湖东岸呈同心圆布

局，运道的疏凿虽一定程度阻滞了东部天然水系流通，但仍保留了以太湖为圆心呈辐射状入江的原始水网结构。

早在 6 000 年前，太湖流域已经成为被沙堤环绕的碟形洼地，先民借洼地沼泽开始早期的农业生产，这种生产模式也一直延续到后世[117]。但与苏北地区不同的是，江南运河的水体与水情相对来说都较为稳定。太湖作为江南地区具有主导地位的面状水域，在历史发展的进程中并无较大变迁。而吴淞江作为太湖流域的天然蓄泄水道，可以兼泄北面浦港、西面太湖的水源，保证太湖流域的水土环境平衡，使其在早期便具有农业发展的天然之利，而这一地区人工漕渠也具有灌溉与运输的多重复合作用。唐以前，泰伯渎、渔浦、百尺渎、胥浦、破岗渎、练湖等开凿。唐宋年间，常州孟渎的疏浚皆是如此[118]。甚至在宋代，太湖流域漕渠更是修有 44 条之多[119]。可见，在唐宋时期，太湖流域以太湖和江南运河及吴淞江为主的、自然与人工相生的水网体系已然被建立。长期以来，苏南人民多利用运道东部至上海之间的沼泽之地围建圩田以滋养生息，形成"纵浦横塘"的农田水利格局，在宋时已经成为国家重要的粮食产区。自宋代至民国，苏南地区人口剧增，人多地狭的人地矛盾逐渐显现。原有的圩田被农户肆意围垦，私开浜现象普遍；原有的圩田被划分为更小的田块，形成泾浜圩田，江南地区的农田水利格局最终定型[120]。现今，泾浜圩田已经被现代化的连排圩田所取代，其防洪能力与蓄泄能力远不如基于自然水系建立的圩田系统。在城市建成区不断扩张的当下，对生态可持续性农田模式的探索已经成为调节人地关系的重要一环。

(2) 苏南板块特色历史城镇作物种植情况（见表 4.3）

苏南的特色历史城镇因地处水网纵横的沮洳之地，粮米往往丰收，历史上一直为国家的粮赋重心。苏南圩田主要分为官圩和民圩两种，官圩以建康的永丰圩田为代表，是朝廷旱涝保收的来源之一[121]。民圩则广泛分布于环太湖地区，金山、常熟、靖江、太仓、江阴、海盐、武进、丹阳、金坛、宜兴、溧阳均以水稻种植为主[122,123]。清时，常州已经成为稻作的中心府城。苏南粮米的极大富裕使地方粮价常保持在全国较低水准，当地农户为增加收益，开始广泛种植经济作物。苏南地区经济作物以棉花和桑树为代表。明嘉靖年间，常熟农户以洼地为池、在高地围田以耕，在塍上种植果树，在池上做笼舍养鸡豚，池中鱼可食其粪，岁入是普通生产方式的三倍有余[96]。明中期后，出现了更接近现代生产模式的粮、桑、渔、畜相结合的综合性生产，主要分为"以农养牧，以牧促农"和

"以渔养桑，以桑饲蚕"两类生态循环系统，形成了合理利用自然资源的集约经营思想，极大地提升了地区生产力水平。经济作物的产量不断增长，成为手工业原材料的重要组成部分，为商品经济的出现奠定了必要基础。其中，棉花种植主要分布于沿江滨海的江阴、常熟、新阳、昆山、太仓、南通等地[125]，尤其是太仓所辖各县植棉趋势最甚，木棉种植面积高达耕地总面积的60%～70%，蚕桑种植主要分布于丹徒、丹阳、金坛及高邮、通州等地，江南地区形成植棉与植桑并驾齐驱发展之势[125]。

苏南地区的聚落也呈现出了较为明显的受人工、天然双重因素影响的布局模式。早期，有延陵、云阳、吴等聚落于运河水道兴起，在区域农田水利发展的推动之下，进一步向苏、常东部的碟状洼地迈进并于塘浦圩田之间聚集，占据农耕、运输的双重优势。

表4.3 苏南板块特色历史城镇生态网络分析

（来源：作者自绘）

流域	相关水系	市	主要农田类型	县、市、区	主要种植作物	镇
长江流域	江南运河、白塔河、老通扬运河—串场河、瘦西湖、白马湖、宝应湖、渣河—三阳河、高邮湖、邵伯湖、新通扬运河、入江水道、长江	镇江市	塘浦圩田	丹徒区	棉桑混植	
				丹阳市	棉桑混植、水稻	
太湖流域	江南运河、锡澄运河、新孟河、望虞河、吴淞江、太浦河、太湖、上容溪、破岗渎、秦淮河—胥河	南京市	塘浦圩田	高淳区	水稻	
		常州市	塘浦圩田	溧阳市	水稻	
		无锡市	塘浦圩田	江阴市	棉桑混植	周庄镇
				宜兴市	水稻、棉花	
		苏州市	泾浜圩田	吴中区	果树	光福镇
				昆山市	棉花	
				吴江区	蚕桑	
				太仓市	棉花	璜泾镇
				常熟市	棉花	

4.1.4　浙北、浙东板块特色历史城镇生态网络分析

历史长河中，江浙两地因政治关系的紧密联结，亦在农田水利开发上形成了较为同步的特性。虽浙北地区的北部即为农业发展较早的苏、常两地，但其农耕并未受其带动而得到实质性发展，甚至远远落后于南部绍兴地区[126]，政治因素是这一现象出现的主要原因。

春秋时期，钱塘江以北至太湖以南地区多为吴越两地交战之处，因常年作为战场而无大规模水利建设。而此时，建都绍兴的越国已经开始谋求自绍兴向北部平原扩张的农业生产发展，以"田野开辟，府仓实"之势得以储存军备、稳定民心[127]。但因农耕技术和生产力尚低，农田开发范围多集中在越国都城一带，水利设施也大都为四散的点状而未成体系。公元 311 年，永嘉之乱为浙江两地带来了大量的劳动人口，不仅使嘉兴、湖州、山阴、上虞、萧山、余姚等地人口剧增，而且推动了外来人口向鄞县（今鄞州区）、鄮县等东部沿海地区的扩散，使灌溉水利也进一步四散建设于人口聚集之地。隋唐之时，以大运河的贯通为契机，浙江地区农业水利环境实现了彻底性转变。

公元 610 年，大运河贯通，浙江地区沿运聚落借运道水利开始大范围拓殖农田。唐末安史之乱、吴越国建立、宋室南迁，都促进了地区人口的聚集与经济、政治地位的提升，区域一体化的农田水利系统开始形成。直至南宋之时，农田阡陌相连，成为膏腴之地[128]。整体而言，浙江两地生态网络的组成与鲁南及江苏地区也有所差异，除运河水利以及农田基质外，海塘也是其主要组成部分之一。

（1）浙北、浙东板块特色历史城镇海塘建设

浙江境内滨海，为了防范海潮侵袭、避免滨海土地成为不宜耕种的盐卤之地，历朝历代陆续筑建海塘以防海造田。自汉唐至清，形成了以萧绍海塘、百沥海塘、大古塘、万工塘、鱼鳞大石塘为主的捍海提防系统[129]（见表 4.4）。

表 4.4　浙北、浙东主要海塘建设

（来源：作者自绘）

海塘名称	修建时期	起点	终点	涵盖
萧绍海塘	汉唐时期	萧山临浦麻溪	上虞嵩坝清水闸	西兴镇西江塘、瓜沥镇北海塘、宋家溇大池盘头后海塘、曹娥镇防海塘、嵩坝镇嵩坝塘
百沥海塘	元	百官龙山头	夏盖山西麓	前江塘、会稽县后海塘、上虞后海塘
大古塘	明	慈溪桥头	黄家埠	
万工塘	明末清初	镇海俞范路	下岚山渚	
鱼鳞大石塘	清	平湖金丝娘桥	杭州狮子口	

（2）浙北、浙东板块特色历史城镇水利格局

浙江两地多为以天然水系与渠化运道相配合的水利网络，形成一个充满支路的"串"字形水网格局，整体水利格局呈现"四开四合"之势。第一个开口是由頔塘（西线）、烂溪塘—白马塘（中线）、苏州塘—杭州塘（东线）组成的水网体系，经新河自塘栖下杭州，跨钱塘江至西兴至衙前。第二个开口以西小江、浦阳江、曹娥江为北部水道，以萧绍运河为南部支线。第三个开口以虞甬运河为北部支线，以十八里河和四十里河为南部支线，顺江而下。第四个开口以慈江和中大江为北线，以姚江、奉化江、甬江为南线。主干、支流纵生的水利网络将浙江地区的广大平原切割为无数个陆上岛屿，成为农田基质发展的先决条件。

相比于其他地区的运河水道，天然水系在浙东运河中占据较大比例，人工疏凿的运道以及相应水利调节设施的建立带动了一批聚落兴起。除此之外，在姚江、甬江、慈江、曹娥江等天然水系建设的水利设施也成为浙东地区运河聚落出现的重要诱因之一。此类水利设施往往建立于河口交汇之处，配有相应的闸坝管事等管理人员。同时，政府对闸坝启闭有着较为严格的管理机制。在闸坝未开之时，常有数百船只聚集。由此，五夫、大西坝等村落和嵩坝、梁湖、丰惠等市镇因为人口聚集逐渐兴起（见表 4.5）。

表 4.5　浙东运河主要航运水利设施

（来源：作者自绘，资料源于《嘉泰会稽志》《绍兴县治资料》）

名称	年代	地理位置	相关聚落
大西坝	北宋	大西坝河与姚江的丁字交汇处	大西坝村
钱清闸	北宋	钱塘江	钱清街道
都泗堰	北宋	鉴湖	迪荡街道
西兴闸	北宋	运河与钱塘江交汇处	西兴街道
蒿坝清水闸	南宋	蒿坝镇西山麓	蒿坝村
驿亭坝	南宋	虞甬运河上虞段	驿亭镇
曹娥堰	南宋	钱塘江与曹娥江交汇处	百官街道
梁湖堰	南宋	曹娥江与四十里河交汇处	梁湖街道
通明堰	南宋	通明江	丰惠镇
小西坝	南宋	刹子江与姚江交汇口	前洋村
五夫长坝	明代	虞甬运河	五夫村

（3）浙北、浙东板块特色历史城镇农田基质、作物种植情况

浙北地区的农田广泛分布在太湖以南至頔塘之间，以及太湖东部至上海之间的湖沼地带。而浙东地区的农田广泛分布于以运河为主干的广阔北部平原和南部可垦地区，基本符合南方地区"横塘纵浦"的农田水利格局，又基于适地的生态特性衍生出了湖荡圩田、涂田等较为特殊的农田景观，各类型农田交错分布，形成浙江地区独有的农田基质格局（表4.6）。

表 4.6　浙北、浙东板块特色历史城镇农田基质

（来源：作者自绘，资料主要来源于[130]）

农田类型	特点	嘉杭湖地区	绍兴	宁波
圩田	横塘纵浦	頔塘以南地区	萧绍平原、上虞	广德湖、鄞县、慈溪、象山
湖荡圩田	低洼沼泽之地易积水成湖荡，中部平原地势地平面容易内涝	嘉杭运河、东塘运河和东苕溪之间	会稽、山阴、诸暨	庆元府、鄞县、奉化、象山
涂田	沿海地区因海塘外移形成的滩涂田地			鄞县、奉化、庆元府、余姚

明清两代，浙江两地也开启了农作物与经济作物混合种植的农田布局阶段，以水稻、桑、茶叶为主要作物，以麦、麻、蓝草等为次要作物[130]。总体而言，

农田呈现出以绍兴为原点，向西发展至浙北地区，向东扩展至余姚、慈溪、宁波地区，并随着海岸线北移而由内陆向北部海滨拓展的整体趋势（见表 4.7）。两宋时期，浙北地区人口激增，为地区农业的开发提供了充足劳动力。宋氏贵族封地多位于嘉湖两地，他们将湖沼之地尽数开垦，建圩以围田。为了充分实现农业产业增值，地区出现了在圩岸上种桑、围田内植稻的桑基稻田和桑基鱼塘，成为浙北地区独有的农业生产方式。整体而言，稻棉区位于东太湖平原和宁绍平原北部地区，桑蚕区位于南太湖平原和萧绍平原南部山脉地区，茶叶产区位于宁绍平原南部山脉丘陵地区。浙江两地的农耕土地呈现出较为明显的混合利用特征，是早期生态性种植的发源地之一。

表 4.7　浙北、浙东板块特色历史城镇生态网络分析

（来源：作者自绘）

流域	市	主要种植作物	县、市、区	主要种植作物	主要农田类型
钱塘江	嘉兴市	桑	海宁市	桑、麻	湖荡圩田
			桐乡市	水稻、桑、麻	湖荡圩田
	湖州市	桑、水稻、麻		桑、水稻、麻	湖荡圩田
	杭州市	桑	萧山区		湖荡圩田、塘浦圩田
			余杭区	桑、麻	塘浦圩田
钱塘江、甫江	绍兴市	水稻、小麦、桑、蓝草、茶叶	上虞区		塘浦圩田
			柯桥区	桑、果树	塘浦圩田
			诸暨市	桑（诸暨市南山乡和青山乡）、麻	湖荡圩田
			嵊州市	茶叶	塘浦圩田
	宁波市	水稻、小麦、茶、麻	余姚市	棉花（沿海片区）、茶	涂田
			奉化区	桑、茶叶、蓝靛	涂田、塘浦圩田
			镇海区	棉花	塘浦圩田
			鄞州区	麻、席草、茶叶	涂田、湖荡圩田、塘浦圩田
			慈溪市	桑、茶叶、棉花	湖荡圩田、塘浦圩田
			象山县	麻、茶叶	湖荡圩田、塘浦圩田
浙东茶叶产区：兰亭—日铸岭—卧龙山—天衣山—陶晏岭—秦望山—东土乡—会稽山—兰亭					

4.1.5 大运河（鲁苏浙段）生态网络空间格局构建

就运河水利的整体格局来看，不论是人工疏凿的运河航道、用于蓄泄的人工水系、用于调节水情的天然湖泊，还是与运道相汇的自然水体，都已经成为大运河（鲁苏浙段）区域生态系统不可分割的一个整体，对区域农田发展、作物种植都存在着深刻的直观与内在影响。地区聚落为自然所塑造的特性也逐渐显现。鲁南、苏北地区常受自然灾害侵扰，也因常受人工整治，聚落形成了紧密依附于运河新旧航道、聚集于天然湖体的分布特征。而苏中地区，聚落的布局受限于西部湖体的扩张，仅在淮扬运河东侧呈密集分布之态。同时，运河水道对环境的影响，一方面使聚落的发展难成体系，另一方面又为聚落的生长提供了中部湖沼的广大腹地。苏南、浙北、浙东地区一带，聚落有赖于地区发达的天然水系，广泛分布于运河所经平原地区，这也在一定程度上反映了区域农业与经济的较高发展水平。运河航道并非区域生态系统的主体，而是作为附加因素融入地区的整体生态系统之中，与地区的原有环境建立了友好的"伙伴"关系。

在区域水利的整体影响下，大运河（鲁苏浙段）以"旱田、塘浦圩田、泾浜圩田、垛田、湖荡圩田、涂田"等几大类型农田为主，以垛田和泾浜圩田为代表的因运河而生的农业景观，具有较高的生态价值与文化价值。

在多重因素的影响下，不同地区间农作物与经济作物的种植产生了较大差异。农作物种植分布以淮安为分界线，北部地区多以旱作农业为主，而南部地区多以灌溉农业为主。在鲁南地区，稻麦混植的种植特点突出。而淮安以南地区，水稻成为普及范围最广的种植作物。至于江苏北部的徐州—宿迁与淮安—扬州两区域，其多因自然环境的长期影响而发展出较为特殊的农作物种植形式，甘薯、玉米等高产量农作物与渔稻混作的生产方式成为该地区先民为应对自然灾害而产生的生态适应智慧。

对于经济作物的种植分布而言，鲁南地区东部、江苏地区中部及南部与浙江部分沿海地区都有木棉的广泛种植。棉作为布品纺织的重要原材料，为地区手工业的发展奠定了良好基础。除此之外，蚕桑在江苏地区南部和浙江地区的分布也较为广泛，如镇江、南通、高邮、慈溪等地更形成了棉桑混植的种植特性，种植技术和种植水平都位于三省的前列。与此同时，浙江地区还普遍种植茶、麻等经济作物。于北部地区而言，其具有多样化的经济作物种植特性。

4.2 大运河（鲁苏浙段）社会网络的空间格局分析与构建

不论是在夏、商、周时期家国一体的宗法分封制、秦汉至明朝时期家国一体的宗法君主专制、晚清时期的宗法君主专制，还是民国时期共和制下，中国都是一个大一统国家[131]。大运河（鲁苏浙段）特色历史城镇之间社会关系的构建源于封建社会漕运制度的诞生。统治者以大运河为全国性的治国通道沟通中央与地方，通过在济宁、淮安、扬州等地建立跨区域、多方协同的漕河管理衙署，以及在淮安、苏州、杭州等地建立钞关等中央直属税务机构，为运河社会构建了一套完整的、与政治管理体系并行的漕运管理体系，通过政治手段联通运河区域社会，极大缓解了农耕社会各经济区松散且独立的困境，形成国家东部的利益共同体。漕运制度的产生与发展贯穿了整个中国古代社会，由隋唐伊始直至有清一代为鼎盛，并通过漕河、漕军、漕船、漕粮几个主要因素的配合，逐渐成为古代中国发展的主要经济命脉。大运河（鲁苏浙段）社会网络即因漕运治理需求而形成的制度与管理网络。在历史发展进程中，鲁、苏、浙三省虽有较大的地理差异与区域跨度，但因运河这一治理客体的出现，特定地区往往隶属于漕运、河道、盐政、驿传体系的统一治理系统，在社会关系层面多形成了跨越行政区划的紧密联结。

4.2.1 鲁南板块特色历史城镇社会网络分析

（1）行政隶属关系

鲁南地区在元至清三代形成了"省—布政使司—府（直隶州）—县"的等级制度。各代虽在行政结构上略有调整，但其整体结构并无过大出入，以济宁、兖州为主要政治中心。两地在元、明两代曾互为对方的下辖州，在清时为平级（见表 4.8）。

表 4.8　济宁、兖州主要行政等级变迁

（来源：作者自绘）

历史时期	济宁行政等级	兖州行政等级
至元八年（公元 1271 年）	济宁升济宁府	领兖州
明洪武十八年（公元 1385 年）	领济宁州	兖州升兖州府
清雍正二年（公元 1724 年）	济宁州升为直隶州	兖州府

　　济宁、兖州下属与运河密切相关的各县多位于距南阳新河垂直距离 20～30 千米不等的两侧离河地区，而市镇多位于运河主干与支流交汇之处。原因在于，鲁南早期聚落如滕、邹、薛由汶、泗等天然水系及其支流水系孕育，其分布随自然水系布局，而并非由运河决定。明代运道移至南四湖东侧，邹、滕、峄、汶等州县被纳入运河的影响范围。漕运贯通后，运河之利尤甚，各州县只能仰仗自然水系或新辟支流连通运河这一交通动脉，支流水道与运道交点之处便形成交通要津，出现了借运河之便被附加治河理运等政治职能的小型市镇。各市镇由县级政治中心管辖，多设有县级政府管理机构，如清政府在南旺设"汶上县南旺分县"。这些管理机构大多并不具备行政职能，以接待皇帝及各路官员为主要职责[71]，但是也在一定程度上提高了这些市镇的政治地位及与其他区域的链接（见表4.9）。

表 4.9　鲁南地区镇、县隶属关系

（来源：作者自绘）

现行政建制	明代行政建制	所辖地	初步兴起时间
南旺市	南旺镇	汶上县辖	明代
鲁桥区	鲁桥镇	济宁州辖	元代
南阳镇	南阳镇	鱼台县辖	元代
谷亭街道	谷亭镇	鱼台县辖	元代
夏镇街道	夏镇	分属沛、滕二县	明末
台儿庄区	台庄镇	峄县辖	明代
韩庄镇	韩庄镇	峄县辖	明代

　　（2）鲁南板块特色历史城镇治漕理运的管理体系（见表 4.10）

　　成化七年（公元 1471 年），济宁设总理河道，以"总漕"管理漕政，以"总河"管理黄河修治，在明清时期始终是治河的大本营。济州城内如巡漕使院、山东运河道署、河标中军副将署、运河同知理事厅、济宁卫署、治水行台等官僚衙署有 30 余座[132]，是绝对的漕河管理中心。与此同时，漕运总督在夏镇、南旺等地也设有中央直属机构以及下级机构。夏镇设有市级建制的兖州府洳河通判署[133]。自明朝时，南旺镇借南旺枢纽工程成为漕运重镇，设工部都水分司、兖州府南旺管河通判等政府机构，统管疏浚河道的夫役，以卫漕保河。南旺和夏镇位于济宁市的一北一南，成为次一级的漕河管理中心。同时，河道总督主管地区河政，与地方政府共同对运河沿线堤闸等进行维护，在有闸地区设立闸官并征调当地民众为闸夫，以村为单位形成了最低一级的漕河管理机构。

鲁南运河开凿，治水需求尤甚。政府通过在新河河道建立水源调节设施以维系运河水位，主要有水道主体、堰、埭、闸、坝、水柜、陂塘等，多设专人管理。以管理性质划分，形成了"闸坝管理、河道管理、水源管理"三类主体管理机构[72]，其中，除河道为专职官吏管理外，设"闸夫、溜夫、坝夫"管理闸坝，设"浅夫、泉夫、湖夫、塘夫"管理水源，各类夫役以甲为编，十人为一甲。据考证，弘治九年（公元 1496 年），鲁运河一带役夫已达 47 004 人[71]。管理夫役大量聚集于沿运一带，使原有既成规模的市镇进一步扩大。同时，闸坝之周因治漕事宜形成了以闸、河口命名的村落。据记载，自台儿庄至韩庄有东八闸（共九闸），自韩庄到济宁有中八闸（共十六闸）[134]，自济宁到汶上县分水处共五闸，自台儿庄至汶上县有台庄闸、侯迁闸、顿庄闸、丁庙闸、万年闸、张庄闸、六里石闸、德胜闸、韩庄闸、彭口闸、夏镇闸、杨庄闸、珠海闸、邢庄闸、利建闸、南阳闸、枣林闸、师庄闸、仲浅闸、新闸、新店闸、石佛闸、赵村闸、在城闸、天井闸、寺前闸、南旺下闸、分水处、南旺上闸和开河闸[135]。同时，也有如张阿闸、利建单闸、马家三孔桥闸、桥头单闸、朱姬减闸等单闸建于运道之西。现存以闸命名的村有建闸村、桥头闸村、十孔桥村、宋闸村、杨闸村、三孔桥村、彭口闸村、张阿闸村、朱姬村等。同时，独山湖在新河开挖之时已然形成，但规模尚小。政府为泄水济运而设大量水口，但临近运河的独山湖依旧呈逐年扩大之势。清雍正二年（公元 1724 年），修独山湖大堤并加固各水口。水口堤岸经长年累月整修，形成稳固高地，附近居民为避水患多安家于此，有现存的满口村、时王口村、王口（南）村、常口村、裴口村、三河口村等因水口命名的村落。自此，鲁南地区的聚落定型，在后世未有大变动。

表 4.10 鲁南板块特色历史城镇社会网络分析

（来源：作者自绘）

市	功能	县	功能	镇、街道	村、社区	功能
济宁市	行政中心、漕河管理中心	汶上县	次级行政中心	南旺镇	柳林闸村（群）	闸坝管理
					南旺村（群）	闸坝管理
		微山县	次级行政中心	南阳镇	南阳村	闸坝管理
					建闸村	闸坝管理
				鲁桥镇		
				韩庄镇	前（后）朱姬庄村	闸坝管理
				夏镇街道	杨闸村	闸坝管理
				欢城镇	宋闸村	闸坝管理
					常口南（北）村	河工治理
					时王口村	河工治理
					裴口村	河工治理
				昭阳街道	三孔桥社区	河工治理
				留庄镇	马口一村	河工治理
					满口村	河工治理
					王口村	河工治理
				傅村街道	小三河口村	河工治理

4.2.2 苏北、苏中、苏南、浙北、浙东板块特色历史城镇社会网络分析

苏北至浙北地区的运河水道受黄河、漕河、制盐、贩盐、水网邮驿等政治制度的综合影响，沿途市镇也普遍承担漕河管理的相关职能，形成以"河政、漕政、盐政"为主要方面的城镇管理系统，是运河城镇之间社会关系构建的主要内驱因素。

（1）苏北、苏中、苏南、浙北、浙东板块特色历史城镇中央直属管理机构的设立

① 漕河管理。漕河管理机构一般针对黄、运进行治理。淮安地处黄、淮、运交汇口，是运河治理的重心地区，多设有中央直属管理机构与管理部门，在江淮地区占据绝对的治理中心地位。明景泰二年（公元 1415 年），淮安设有全国漕运最高指挥中心"漕运总督衙门"（简称"总漕"），兼管黄运治理[96]。成化七年

（公元1471年），又于济宁设运河管理机构"河道总督"。淮安成为专职漕运管理的治理中心，管辖山东、江南及浙东从事漕务的文武官员，下设漕御史、管粮同知等官职，对南部地区漕粮转输的各个阶段进行监督管理，并兼管各省督粮道[136]。

清代，"总漕"始终位于淮安，而"总河"的管理职能则有所下放。明后期，总河下设四段河道进行分区管理，以都水郎中为主管官员。江苏境内，中河段驻地吕梁（后改宿迁）设中河分司，南河段驻地高邮设南河分司，管理运河水源。而后，因江南河工的建设日多，维护事务繁重，于康熙十年（公元1671年）在清江浦设"总督江南河道提督军务"，以"江南河道总督"总管江苏、安徽等地黄运修治，清江浦便成为江南地区的河道管理中心[96]。总体而言，济宁与淮安两地始终是漕河管理的最高中心。在管理系统的演进过程中，其将江南运河纳入运河的管理系统，形成了以淮安为中心和以宿迁、高邮、清江浦为次级中心的河道管理体系，相关市镇的政治职能与城市地位也有所提升。

② 盐业管理机构。盐利是国家财政的重要组成部分。自唐以来，两淮地区已是盐产丰富之地。明代起，设盐业管理机构掌管食盐产销。盐业管理机构多集中于淮水一带，以集东部沿海地区所产海盐，是漕运的重要组成部分之一。元至元十四年（公元1277年），扬州设两淮都转运盐司后，淮、扬两地成为盐业集散中心。明清时期，进一步实行官督商销制度，在淮扬设泰州分司、淮安分司、通州分司三个分司，仪征和淮安两批验所，并对盐业贩卖路线予以划定，分为淮北盐路与淮南盐路[137]。淮南盐路即从通州分司和泰州分司所辖盐场始，经通州区运盐河、串场河入茱萸沟，经仪扬河直抵仪征，自仪征沿长江及其支流汉水、湘江、赣江等[138,139]。清同治年间，于十二圩镇设两淮盐务总栈，负责将淮南盐汇之东台，再达泰州，经扬州到十二圩总站再入长江。淮北盐路即从淮安分司所辖盐场（后改为海州分司）始，经淮北盐河至永丰坝，过洪泽湖沿淮河及其支流涡河、颖河、汝河运销至沿岸各府县[138]。

明清时期，盐运活动鼎盛，以扬州为中心的漕盐管理中心自此确立。仪征、十二圩、淮安、泰州、通州等市镇在原有基础上借漕盐转输活动愈加兴起。

③ 钞关。钞关是运河商税征收的重要官署，其对来往船只收缴关税而敛聚的大量财务，是中央财政收入的重要来源之一，直接刺激了城镇商贸的进一步发展。同时，钞关设立之地也是运河船舶的聚集停留之地。四海商货与官贾漕兵的大量聚集，带动此类城镇的进一步繁荣。运河钞关虽在明代各时期几经裁撤，但

淮安、扬州、苏州三地始终为钞关的常设之地，是国家的赋税之源（见表4.11）。

表4.11　明代运河钞关变迁

（来源：作者自绘）

设钞关时期	钞关
宣德年间	徐州关、淮安关、扬州关、上新河关、北新关
成化年间	徐州关、淮安关、扬州关、上新河关、浒墅关、北新关
万历年间	浒墅关、淮安关、扬州关、北新关

④市舶司。市舶司是中国早期的外贸管理机构，两浙地区市舶司主要负责封建王朝与日本、朝鲜两国的政治外交及商货交易等事宜的对接，是东亚文化交流的重要窗口[140]。得益于临海的地理优势与精于船舶制造的产业优势，市舶司是浙江地区大运河特有的管理机构。在元代以前的大部分时间内，两浙路市舶司与市舶务始终设于杭州和宁波两地（见表4.12），以经济作用将浙江地区市场集中成为一个区域整体与外界发生往来[141]。在此背景下，绍兴作为区域交通枢纽连结两地，形成了以绍兴为中心，以杭、宁两地为经济两翼的区域发展格局。

表4.12　两宋时期市舶司的变迁

（来源：作者自绘）

年份	机构	选址
公元989年	两浙路提举市舶司	杭州
公元992年	两浙路提举市舶司	定海（定海旧时在明州，即宁波，后归舟山）
公元993年	两浙路提举市舶司	杭州
公元999年	两浙路提举市舶司	杭州
	市舶务	杭州、宁波
公元1127年	两浙路提举市舶司	秀洲
公元1145年	两浙路提举市舶司	
	市舶务	杭州、宁波、温州、江阴、秀洲

南宋以后，直至中心转归北方前，市舶司与对外贸易港口开始进一步向上海以及东南沿海地区发展，杭州的对外贸易地位式微，而宁波直至近代仍作为对外开放的重要窗口之一（见表4.13）。

表 4.13　主要朝代对外开放港口

（来源：作者自绘）

朝代	主要港口
北宋	广州、杭州、宁波、泉州、密州
南宋	广州、泉州、宁波、杭州
元代	广州、泉州、宁波
明代	广州、宁波、泉州、福州
清朝	广州、厦门、福州、宁波、上海

整体而言，浙江两地形成了北连苏南、南通东海，内河漕运管理与海运外贸管理相配合的漕制管理系统，是内陆和东南沿海地区及海外各国沟通的核心枢纽，这也预示着浙江地区的城市发展与社会关系建立受到更为复杂因素的影响。

（2）苏北、苏中、苏南、浙北、浙东板块特色历史城镇分设于各地的漕运设施

① 水次仓。水次仓是国家漕粮转运、封建消费者用粮供给的重要仓储设施。水次仓所设之地是官民运粮的集散地，常有人口聚集。明代以前，中原政治中心的水次仓建制规模较大。在研究区域内，水次仓多建于扬州、泗州、真州、楚州等地。南宋时期，杭州富义仓、仓前粮仓最为盛名。明代支运法实行，设淮安府常盈仓、徐州广运仓二仓，其规模在全国粮仓中首屈一指。宣德年间以后，各州县在运河沿岸水次之处大量设小型水次仓，集中于苏（此处指苏州的简称）、常、镇、扬、嘉、杭、湖城区的水网发达地带，由户部派专人直接管辖。漕粮转运将有仓地区连结为一个完整的粮米转输链条，形成了漕粮转运市镇带（见表 4.14）。

表 4.14　明大运河水次仓统计

（来源：作者自绘）

府治	州县	仓名
徐州		兑军仓
淮安府	宿迁县	水次仓
扬州府	江都县	便民仓
	泰兴县	兑军仓
	高邮州	兑军仓
	泰州	兑军仓、便民仓（丁堰镇、安定乡、石庄、西场）

府治	州县	仓名
镇江府	丹阳县	便民仓
	金坛县	便民仓
常州府	武进县	东门仓、西门仓
	宜兴县	东门仓、西门仓
	无锡县	东门仓、西门仓
	靖江县	水次仓
苏州府	吴县	和丰仓
	长洲县	东仓
	吴江县	同里仓场
	昆山县	玉峰仓
	常熟县	南门总收仓、东门总收仓
	嘉定县	万积仓、丰宁仓、利益仓、通津仓
应天府	句容	岁积仓
	溧阳县	乐登仓
	郾城县	泾河仓
湖州府	乌程县	水次仓
	归安县	水次仓
	长兴县	水次仓
	武康县	水次仓
	安吉州	水次仓
杭州府	钱塘县	水次仓
	仁和县	水次仓
	海宁县	水次仓
	秀水县	水次仓
	嘉善县	水次仓
	桐乡县	水次仓
	平湖县	水次仓
	海盐县	水次仓

第4章 显性网络：大运河文化带(鲁苏浙段)空间格局分析

② 水驿。狭义的水驿即水路驿站，多配有驿船、水夫以及完善的休憩用度设施，是递送军情、传达公函与信件、递送公职人员、补充粮草体能的重要节点，有军事战略意义。水驿多设于水路要冲之地，来往公差役员众多。驿事繁兴带动了大批水驿城镇的发展，将其链接为一个完整的交通驿传体系，形成了邮驿市镇带。淮安、王家营、泗阳县崔镇、邳州直河口、新安、房村、利国、界首等因此而兴，多成为物资集散型重镇（见表 4.15）。同时需要说明的是，因鲁南地区研究范围较小，与中央直属漕运机构对城镇等级的影响相比，水驿对城镇等级的影响较低，因此与整体研究范围一并统计。

表 4.15　明大运河水驿统计

（来源：作者自绘，资料主要来源于《明会典》）

府治	县治	水驿名称
济宁州	汶上县	开河驿
	府城	南城驿
兖州府	鱼台县	沙河驿
徐州府	沛县	泗亭驿
	铜山县	彭城驿
		房村驿
		新安驿
	邳州	下邳驿
		直河驿
	宿迁县	钟吾驿
		古城驿
淮安府	桃园县	桃园驿
	清河县	清口驿
	山阳县	淮阴驿
扬州府	宝应县	安平驿
	高邮州	界首驿
	高邮州	孟城驿
	江都县	邵伯驿
	江都县	广陵驿
	仪真县	仪真水驿

府治	县治	水驿名称
镇江府	丹徒县	京口驿
	丹阳县	云阳驿
常州府	武进县	毗陵驿
	无锡县	锡山驿
苏州府	吴县	姑苏驿
	吴江县	平望驿
江宁府	上元县	江东驿
	上元县、江宁县	龙江驿
	上元县、江宁县	大胜驿
	句容县	龙潭驿
嘉兴府	嘉兴县、秀水县	西水驿
	石门县	皂林驿
湖州府	乌程县	苕溪驿
杭州府	杭州府	武林驿
	钱塘县	浙江驿
	仁和县	吴山驿
	富阳县	会江驿
绍兴府	萧山县	西兴水驿
		萧山驿
	山阴县	钱清驿
		蓬莱驿
	会稽县	东关驿
	上虞县	曹娥驿
	余姚县	姚江驿
宁波府	余姚县	车厩驿
	宁波府	安远驿
	宁波府	四明驿
	定海县	定海驿
	象山县	石浦所
	昌国县	昌国驿

总言之，大运河（鲁苏浙段）各板块在明清时期，已经形成了具有完整体系的漕政、河政、盐政管理系统。同时，政治管理中心多集中于苏中地区一带。扬州、淮安汇有多个管理系统的政治职能，成为鲜明的区域管理中心。运河沿岸的其他城市在这一系统内以漕运设施呈带状连结，共同构建了区域的城镇社会网络体系（见表 4.16）。

表 4.16 苏北、苏中、苏南、浙北、浙东特色历史城镇社会网络分析

（来源：作者自绘）

市	功能	县、市、区	功能	镇、街道
徐州市	次级河政管理中心、转运、仓储	沛县	水驿	
		睢宁县	水驿	姚集镇、古邳镇
		铜山区	水驿、次级河政管理中心	房村镇、利国镇
		云龙区	水驿、粮仓	彭城街道
		邳州市	水驿	土山镇
宿迁市	转运、仓储	宿豫区	粮仓	
		宿城区	水驿	十三里古城社区、洋河镇
		泗阳县	水驿	城厢镇
淮安市	漕政管理中心、次级河政管理中心、次级盐务管理中心、漕粮仓储中心、税收管理中心、转运	淮阴区	水驿	马头镇
		洪泽区	水驿	蒋坝镇
		清江浦区	次级河政管理中心、粮仓	
		淮安区	税收管理中心、漕政管理中心、次级盐务管理中心	板闸镇
		涟水县	次级盐务管理中心	
扬州市	次级漕政管理中心、盐务管理中心、税收管理中心、转运、仓储	江都区	水驿、粮仓	邵伯镇
		广陵区	水驿、盐务管理中心、税收管理中心	东关街道
		宝应县	水驿	安宜镇
		高邮市	水驿、粮仓、次级河政管理中心	界首镇、马棚街道
		仪征市	水驿、次级河政管理中心、次级盐务管理中心	十二圩街道

市	功能	县、市、区	功能	镇、街道
镇江市	转运、仓储	丹阳市	水驿、粮仓	
		金坛区	粮仓	
		句容市	粮仓	
常州市	转运、仓储	天宁区	水驿	天宁街道
		溧阳市	粮仓	
		武进区	粮仓	
无锡市	转运、仓储	锡山区	水驿	
		江阴市	粮仓	
		宜兴市	粮仓	
苏州市	税收管理中心、转运、仓储	昆山市	粮仓	
		吴江区	水驿、粮仓	
		姑苏区	水驿	
		常熟市	粮仓	
		虎丘区	税收管理中心	浒墅关镇
南京市	转运、仓储	建邺区	税收管理中心、水驿	茶亭东街、兴隆街道
		鼓楼区	水驿	金川门外街
		栖霞区	水驿	龙潭街道
泰州市	转运、仓储	泰兴市	粮仓	
		靖江市	粮仓	
盐城市	次级盐务管理中心	东台市	次级盐务管理中心	
南通市	次级盐务管理中心	通州区	次级盐务管理中心	
嘉兴市	转运、仓储	桐乡市	水驿、粮仓	乌镇、石门镇
		海宁市	粮仓	
		平湖市	粮仓	
		嘉善县	粮仓	
		海盐县	粮仓	
		秀洲区	粮仓	

第4章　显性网络：大运河文化带（鲁苏浙段）空间格局分析

市	功能	县、市、区	功能	镇、街道
湖州市	转运、仓储	长兴县	粮仓	
		安吉县	粮仓	
		德清县	粮仓	
杭州市	外贸与税收管理中心、转运、仓储	滨江区	水驿	西兴街道
		萧山区	水驿	衙前街道
		余杭区	水驿、粮仓	仁和街道
		富阳区	水驿	
		拱墅区	税收管理中心	天水街道、湖墅街道
		钱塘区	粮仓	
绍兴市	转运	上虞区	水驿	曹娥街道、东关街道、钱清街道
宁波市	转运、外贸管理中心	余姚市	水驿	河姆渡镇、车厩村
		北仑区	水驿	
		海曙区	水驿、市舶务	白云街道、江厦街道
		镇海区	水驿	
		象山县	水驿	石浦镇

4.2.3 大运河（鲁苏浙段）社会网络空间格局构建

大运河（鲁苏浙段）的建成，既降低了天然水系曲折、断续对转输工程的时间损耗，又极大免去了海运长期面临的高运输成本与水情难测的困境，自然成为漕运的主要承载者。运河漕运成为封建王朝的国家机器。古代中国为规范漕运之事，设置了面向各有漕省的漕政管制，以具有漕粮管理、工程管理、盐政管理三大职能体系的诸多机构掌管河道之事，各管理机构的职权与责任划分鲜明，构成了漕运活动中相互制约又彼此独立的管理体系，形成了跨越行政区与各部门系统的一体化管理模式，将三省大运河（鲁苏浙段）特色历史城镇紧密联结。

以漕运总督为中心的漕粮征收系统形成"一心、一环、一带"的整体格局。明清两代的水次仓多位于太湖流域这一财税重地，其集结的安徽、浙江各方粮米，经水驿系统可直达中原腹地或政治中心。同时，驿传系统作为通达皇令、中外往来的重要政治通道，是水陆交通空间的具象物质载体。而河道管理系统因河道的带状特性，形成以"总河"为中心、以多个"中心—下属"管理结构为集合的"一心、多点"的管理体系，其政治辐射范围至清江浦一带已极大削弱，因而"总督"一分为二，"南河总督"应运而生。至于盐政管理系统，其主、副中心均分属于淮安和扬州两地。批验所及盐务分司呈环状分布于盐务司四周区域，彼此之间又形成了功能划分清晰的漕盐引、验系统，在区域内形成了致密的治理网络，借大运河的水运之利，成为区域漕盐得以繁荣发展的重要基础。除此之外，税收管理机构与外贸管理机构以经济手段将苏南、浙北、浙东地区连为一体。各类机构之间等级相同，不存在隶属关系。由此来看，南北地区的管理模式与治理手段均有较大差异。

4.3 大运河（鲁苏浙段）经济网络的空间格局分析与构建

自古以来，中国工商业的发展多以政府管控的封建经济为主。大运河（鲁苏浙段）的疏浚与贯通使有漕地区之间可以进行更为频繁的物资交流和商业贸易，农业的泛商业化与农产品种类的地域差异性推动了市场的形成，造就了一批典型的资本主义商人群体。这一群体在运河沿岸等交通便利之地不断聚集，以致农村市镇规模日渐扩大，形成区域经济中心。资本主义经济的萌芽与漕运转贩经济相互促进，也推动了部分漕运制度的转变，形成了一种前所未有且不以国家意志为转移的工商文化。在此视角下，大运河（鲁苏浙段）的经济网络主要包含"农产品贸易""工商业贸易""盐业贸易"几大主要因素，本书以此探究大运河（鲁苏浙段）特色历史城镇之间的产业联系与发展兴衰。

4.3.1 鲁南板块特色历史城镇经济网络分析

(1) 鲁南板块特色历史城镇农产品贸易

在经济作物种植的基础上，鲁南地区与果树、棉花、烟草种植相关的手工业也开始兴起。其中，以果树种植为主要经济来源的农户多以果品加工作为家庭副业生产。例如，峄城盛产柿果，当地农户多从事柿饼加工业，并将成品沿运河集于商货集散之地出售，从而获利。同时，以棉花种植为主的农户多从事棉纺织业，如汶上大兴纺纱织布业。滕州则以织花布为主。邹城在两地影响下，也开始普及织布技艺，其布品惠及周边地区[147]。而据《[乾隆]济宁直隶州志》记载，有清一代，济宁城内的商贾民众也会购入江南布匹，城内所设的棉花市街多以棉花和棉布经营为主，说明鲁南地区的棉纺织业尚只进行基础的原材料生产和初级产品制造，未能形成成熟的商品市场[108]。除此之外，济宁地区的烟草种植带动了烟草加工行业的发展[108]。清代，三四斤烟草与一头牛等价，为利甚厚。商贩以高利收购农家所产烟草，在城内开设工坊进行大规模加工[71]。道光年间，济宁有六家烟草加工业工坊，雇佣者超四千人[146]，而周边邹县也逐渐成为烟草加工的重要地区之一。除经济作物加工外，兖州还多产铁矿、峄城多产煤炭，均通过运河出口至各地。

在运河的影响下，鲁南地区的商业性生产开始广泛出现。但整体而言，除烟草加工形成了成熟的雇佣机制外，其他手工业多以家庭业户为单位，经营成本与规模都较小。

(2) 鲁南板块特色历史城镇工商业贸易

济宁地处水陆交通结点，汇集漕河管理及区域行政中心。济宁的衙署机构建于内城，外城则是鲁南地区最大的南北商货集散地，出口杂货以济宁、兖州两地的粮食、棉花、烟草、干果等农副产品为主[147]。而如峄城、鱼台、滕州等县治地区并非次级经济枢纽，商贸集散功能主要由鲁桥、南阳、韩庄、夏镇、台儿庄五个市镇承担。相比于县治地区，鲁南地区市镇在地理区位上占据极大优势。例如，鲁桥位于古泗水之上，南阳则位于南阳湖、独山湖、昭阳湖交界处，两镇均靠自然水系，在唐宋时期已具有一定规模的村落。明清时期，南阳新河的开凿打通了两镇的南北航路，两镇借水路到齐鲁、淮楚、京师、巨野也畅通无阻，并作为转运中枢逐渐成为商业重镇[78]。而夏镇在通漕之前为小规模的村落，南阳新河开通之时，夏镇的南北水路因设有杨庄船闸、夏镇船闸、吕公坝等水利设施而汇集大量来往人员，偏僻小村成为漕船过闸的停靠码头，由此市镇兴起。

鲁南地区水网为物资贸易市场的形成提供了优良基础。在南阳新河之上，鲁桥镇与南阳镇距5千米，东部邹城、南阳湖百货可通过白马河汇集于两镇。同时，金乡、鱼台的农副产品也可循柳林河汇集南阳。夏镇则既可通过薛河集薛城之商货，同时也是沛县、滕县和峄县的物资集散中心。而台儿庄则通过丞水汇聚峄县所产的麦、豆类、高粱等粮食作物，梨、枣、柿饼等瓜果品类丰富，贩卖至江南收益颇丰[148]。同时，运河南来北往的茶叶、竹木等大宗物资也以市镇为转运枢纽，向县治转贩各地货物。以城镇为商贸中心的销售网络连结了鲁南地区沿运城、镇、村落，长期以来，鲁桥、夏镇、南阳等市镇的发展程度已经超过了其所属的县城，区域性的商业网络稳定成型（见表 4.17）。

表 4.17 鲁南板块特色历史城镇经济网络分析

(来源：作者自绘)

市级地区	主要产业	县、市、区	主要产业	镇、街道	主要产业
济宁市	商货集散	鱼台县	农副产品生产		
		嘉祥县	农副产品生产		
		金乡县	农副产品生产		
		兖州区	农副产品生产、矿产地		
		汶上县	农副产品生产	南旺镇	商货集散
				南阳镇	商货集散
				鲁桥镇	商货集散
				韩庄镇	商货集散
		微山县	商货集散	夏镇街道	商货集散
		邹城市	农副产品生产		
枣庄市	商货集散	滕州市	农副产品生产		
		峄城区	农副产品生产、煤炭产地		
		台儿庄区	商货集散		

4.3.2 苏北、苏中板块特色历史城镇经济网络分析

(1) 苏中板块特色历史城镇盐业贸易

唐宋时期，盐运尚为官营。至明中期，朝廷实施开中折色制与纲盐制改革，使盐商得以垄断盐运私贩，为利甚厚。自改制起，山陕、湖广、安徽、江浙、江西一带盐商麇集于淮扬。盐商在盐引地贩盐之时，往往大量购入江淮一带的木材、瓜果、漆器等特产，在淮、扬两地集散中转，进而转贩至各地。这样一来，淮、扬在作为盐业管理中心的基础之上，又成为各地特产的集散转运中心。长此以往，不但带动了一批以制、贩盐为主的盐引地市镇成为盐业综合性市镇，也使作为口岸码头的商贸市镇进一步繁荣（见表 4.18）。例如，盐城、南通、泰州、仪征等市镇作为各地盐商往来与江淮地区的交通口岸，商客云集、百业常兴。而

淮安河下地处古邗沟与淮水交汇之处，是淮北纲盐的主集散地之一，常有惠州、扬州粮船在此停靠，由湖广商人转贩的特产商货也随处可见[149]。经过长期发展，康乾年间，部分在初建之时规模较小的盐业综合市镇已经成为县城，例如庙湾场成为今阜宁、东台场即今日盐城东台[150]。

表 4.18 苏北、苏中板块南宋至民国时期盐场统计

（来源：作者自绘）

时期	盐场数	盐场名
南宋	17 个	天赐、庙湾、新兴、伍佑、便仓、刘庄、白驹、草堰、小海、丁溪、何垛、东台、西溪、安丰、富安、栟茶、角斜
元代	29 个	昌四、余东、余中、余西、西亭、金沙、石港、掘港、丰利、马塘、栟茶、角斜、富安、安丰、梁垛、东台、何垛、丁溪、小海、草堰、白驹、刘庄、伍佑、新兴、庙湾、莞渎、板浦、临洪、徐渎
明代	30 个	富安、栟茶、安丰、角斜、梁垛、东台、何垛、小海、草堰、丁溪、白驹、伍佑、刘庄、庙湾（天赐并入）、莞渎、徐渎、板浦、临洪、兴庄、新兴、昌四、余东、余中、余西、金沙、西亭、石港、马塘、掘港、丰利
清代	23 个	石港、金沙、吕四、余西、余东、丰利、掘港、角斜、栟茶、东台、何垛、伍佑、安丰、庙湾、富安、梁垛、草堰、刘庄、丁溪、新兴、板浦、中正、临兴
民国		张謇等人在通州昌四场创办了通海垦牧公司，随后又于光绪二十九年（1903 年）与人合作在昌四场创办同仁泰盐业公司

历代以来，不论是对于封建朝廷还是贩盐私商而言，食盐作为维系生活的大宗必需品，其中利益都甚为可观。盐商群体自明朝起一直活跃至清末，因手握淮盐转销特权而多成为富可敌国的大商，盐商集团成为中国封建社会晚期最大的资本集团[138]。盐业私贩的开启使私商群体财赋日益累积，由盐业带动的商品贸易为城镇规模的扩大与商品经济的发展提供了沃土。直至道光十二年（公元 1832年）淮南淮北盐场实行票盐制，私商垄断两淮盐业的局面才被打破。

（2）苏北、苏中板块特色历史城镇工商业贸易

明清时期，徐州、淮安、扬州、镇江、常州、无锡、苏州等中心城市构建起沿运商贸经济带。苏北、苏中、苏南虽同属江苏境内，但实际上，三地工商业的发展水平尚有很大差异。自宋至明清时期，苏北、苏中由于黄患频繁而由盛转衰。与此同时，官府以漕业和盐业的发展为重，导致苏中围绕漕业和盐业的官营

经济迅猛发展。同时，地区农田因常作为洪涝排泄的通道而产量甚微，进一步导致农民经营个体手工业时"工本重而获利轻"的普遍现象。因此，农户大多从事漕货搬运、河道疏浚等体力劳动而较少发展经济作物种植和手工业生产，直至民国时期，仅从事毛巾、线袜、粗纸的织造[151]，且整体发展程度较低。至于区域市场的发展，在苏北以及苏中的宿迁、邳州、高邮等地的农村地区，农户多以散布在乡镇的定期集市、庙会和山会等为贸易中心。据记载，淮安山阳在正德年间已有集市16处[152]，但此类贸易中心仅于规定时间出现且发展程度较低。同样，苏北与苏中两地的市镇因不产商品，多以集散各地转输商货为主要功能，只有沿海地区的阜宁、赣榆等地形成了贩卖海货的渔业市镇（见表4.19）。

表4.19　苏北、苏中板块特色历史城镇经济网络分析

（来源：作者自绘）

贸易形式	市	主要产业	县、市、区	主要产业	镇、街道、村	主要产业
集市、庙会、山会	徐州市	冶矿与金属铸造业、酒曲	邳州市	商货集散	土山镇	商货集散
					新河镇猫儿窝村	商货集散
			新沂市	商货集散	窑湾镇	商货集散
	宿迁市	集会	宿豫区	商货集散	皂河镇	商货集散
	淮安市	盐业、商货集散	淮安区	纺织业、酒业	淮城镇河下街道	盐业
			清江浦区	商货集散	淮城镇板闸村	商货集散
	扬州市	官办造船中心、酿酒业、货物集散	江都区	商货集散	邵伯镇	商货集散
					大桥镇	纺织业
					樊川镇	商货集散
					丁沟镇	商货集散
					仙女镇	商货集散
			邗江区	商货集散	瓜洲镇	商货集散
			高邮市	商货集散	界首镇	商货集散
			仪征市	盐业	十二圩街道办事处	盐业
					青山镇	竹席业

(续表)

贸易形式	市	主要产业	县、市、区	主要产业	镇、街道、村	主要产业
专业类市镇与集市	连云港	盐业、渔业	海州区	盐业	板浦镇	盐业
			赣榆区	渔业	朱蓬口	鱼市
					青口镇	商货集散
	泰州市	盐业	姜堰区	盐业	溱潼镇	盐业、商货集散
			兴化市	盐业	沙沟镇	盐业
					安丰镇	盐业
			泰兴市	盐业	黄桥镇	盐业
					广陵镇	商货集散
			靖江市	盐业		盐业
	盐城市	盐业、渔业	东台市	盐业	东台镇	盐业、集散中心
					安丰镇	盐业
					富安镇	盐业
					时堰镇	盐业
			亭湖区	盐业	新兴镇	盐业
					便仓镇	盐业
			大丰区	盐业	白驹镇	盐业
					草堰镇	盐业
					刘庄镇	盐业
					小海镇	盐业、纺织业
			阜宁县	盐业、渔业	东沟镇	肉市
			建湖县	盐业		米市
	南通市	盐业、渔业	海门区	盐业	余东镇	盐业
			如东县	盐业、榨油业	栟茶镇	盐业
			如皋市	盐业、渔业	白蒲镇	盐业
			海安市	盐业	角斜镇	盐业
					白甸镇	盐业
					墩头镇	盐业
					曲塘镇	集散中心
			通州区	盐业、渔业		
			崇川区	竹席业	竹行街道	竹席业

4.3.3　苏南、浙北、浙东板块特色历史城镇经济网络分析

（1）苏南、浙北、浙东板块特色历史城镇各类贸易

与上述地区不同，苏南、浙北、浙东板块城市经济职能的加强推动了商品经济向周围农村地区不断渗透。苏南地区（尤其是太湖流域）的农户借丰沃的水土资源广泛种植经济作物，普遍从事手工副业生产，带动大量专业性城镇涌现。

有宋一代是沿运地区城市军事职能减弱而经济特性加强的重要转型期。此时，政治中心及其周边城市已有官营手工业机构的设立以供给皇室消费，也是苏南、浙北地区手工业初步发展阶段。例如，南宋时，在江宁、镇江、常州设织物罗；元明两代，在南京、镇江设织染局，此类机构多从事不以营利为目的的非商品性生产。这一时期，民间手工业也竞相发展，以纺织业最为兴盛。这一时期，苏、湖、常等地已经出现了脱离小农生产的织造作坊，扬州锦绫、常州紧纱、镇江罗纹绫、南京云锦等精美丝织品层出不穷。与此同时，以发展酿酒业、冶铸业、造船业、漆器业等手工业和加工制造业的民间工坊也大量涌现。如南京、扬州的寺院内有酿酒产业，以南京"桂香""北库""芙蓉"和扬州"百桃"为盛名；徐州盛产银矿，冶矿与金属铸造业发达；南京、苏州是商船和交通船的民营造船中心；镇江、淮安的漕船制造也形成了一定规模；淮安、老和山、武进等地具有较高的漆器制造技艺[96]。民营手工业在宋元两代已经具有了很高的生产积极性，为专业型手工业市镇的产生奠定了良好基础。

据统计，明代苏、嘉、杭、湖、常五市，规模可观的综合性市镇有近200个，吴江、黎里、同里、平望、铜罗、璜泾、沈荡、长安等都是当时百业兴旺的商贸市镇[153]。与此同时，商业性农业的普及以及民营手工业的发展带动了专业化手工业城镇的集中兴起。明清时期，松江地区棉纺织业最为发达。罗店、安亭、外冈纺织技术精湛，成为花布巨镇。这一影响逐渐扩大至西部江苏地区的常熟、太仓、昆山等地，当地农户普遍从事家庭棉纺织业，形成棉纺织业市镇片区，进而将棉布等产品汇集至棉类专业贸易市镇进行集中售卖，新泾是嘉定、昆山、太仓三地农户的棉花贸易中心[154]。诸如此类还有娄塘、南翔、外冈等，形成了江苏南部棉纺织业生产与销售的贸易网络。除棉纺织业兴盛外，沿太湖地区也出现了专门从事养蚕缫丝的丝织业市镇，以震泽、盛泽、光福等市镇为代表。

与此同时，以米业、编织业、酿酒业、榨油业为主要特色的手工业市镇也接连显现。可以说，明清两代的江南地区已经成为手工业产品生产与外销的中心地区，实现了小农经济向商品经济发展的巨大转变。

丝织业则是浙北地区发展最为广泛、最为成熟的产业之一。丝织业在隋唐之时从黄河流域日渐移入江浙一带，在宁绍两地发展最为迅速。唐代的浙东地区已是皇室贡品的生产基地，其丝物上贡占全国的三分之一以上，居全国各地之首。丝物也是外贸的主要出口商货之一。南宋政治中心转移到杭州，浙东地区的丝织业发展更甚。杭州、湖州已是著名丝织产地，在湖州设有湖州织绫务，作为朝廷专门的丝绸管理机构。明代在杭州、嘉兴、湖州、绍兴等地也都设有官办织染局和丝织机构，民间丝织业则广泛分布于浙北地区，形成了"养蚕—缫丝—制丝—制绸—贩卖"的完整产业体系，成为这一地区的经营重点。浙北地区农村的农桑种植及手工副业自下而上带动市镇产生，而后又自上而下在浙江的农村不断扩散。浙江地区石门、桐乡、海盐、嘉兴、秀水、嘉善、平湖、海宁、余杭、於潜的农村从事养蚕缫丝等手工副业的情况都极为普遍[155]。农村蚕桑种植的普及推动了一批从事丝织生产与贸易的专业化市镇产生，以丝业市镇和绸业市镇为主。清代，湖州是桑蚕区的中心府治，以南浔为主要丝业生产地，主产生丝；以盛泽镇为主要绸业加工基地，主产丝绸，诸如两地的产业链构建起完整的加工体系。除此之外，乌镇、青镇、双林、菱湖、新市、濮院、王店、新塍、石门、王江泾、临平、塘镇、硖石都是丝绸贸易和生产的专业性市镇。而杭州府临平作为周边海宁、上塘农户的蚕丝集散中心，进一步向周边扩散着丝织产业的影响。这一时期，澉浦、乌墩、新市、北关、青龙、鲒埼的繁荣程度甚至超过县城，大多成为兼具手工业和商业的综合市镇。同时，杭州、嘉兴、绍兴、宁波等中心城市周边也形成了经济网络，比如杭州日常消费的粮米来自苏州、镇江、湖州、秀洲，而中心城区周边的市镇成为供给府城米、果、酒等特产的集散市场。

与苏南及浙北地区不同，浙东地区特色历史城镇经济的兴衰与政治制度之间的利害关系十分密切，因其并非始终位于中央政府的直接管辖之下，北部政治中心的管理机制辐射至浙东地区时，其影响力远不及江苏及鲁南地区，而地区所占据的天然优势即宁波这一海上港口。因而，每当国家政治中心设于南方或政府鼓励海运以及对外交往贸易政策时，都是浙东运河水道的繁荣兴盛之时。今日，宁波仍为中国与世界沟通的重要窗口，是海上丝绸之路的起点，具有对外政治交往、经济贸易、文化交流的原始作用。因而，六朝及唐宋时期船舶辐辏、贸易往来频繁的浙江商路是研究的重点。

唐开元二十六年（公元738年），明州（宁波）被设为独立县治是浙江地区进入海港经济时期的标志。随着内陆与日本、朝鲜、阿拉伯等国家的通商往来日趋频繁，浙东地区的主要产业也在这一时期集中发展，黄酒、刻版印刷、制瓷业、造纸业、丝绸业与茶业鼎盛，时至今日仍然为中国文化不可或缺的重要构成部分。

制瓷业是浙东地区最具特色的产业之一。隋唐时，"南青北白"中的"青"即越窑青瓷。《中国陶瓷史》载，越窑青瓷的制造乃当时南方地区最高水平。唐代越窑青瓷的烧制主要集中于上虞、余姚、宁波三地，在绍兴、诸暨、镇海、鄞县也均有生产。碗、盘、壶、罐、钵、碟、唾壶、瓷塑等种类器皿繁多，不仅上贡皇廷，还远销日本、菲律宾、朝鲜、文莱等地。两宋时期在浙江设有两处官窑（全国共3处），即余姚越窑与杭州修内司官窑，代表了浙江地区瓷器制造的极高水平。

除制瓷业和丝织业之外，以竹木为主要原材料的造纸业发展也较为迅速。绍兴在宋代是全国造纸业中心之一，汤浦、新林（山阴）、枫桥、嵊州三界设有四个造纸局，是竹纸制造基地[156]。此四地周围的婺州、於潜、余杭、富阳、安吉、绍兴等地农村的造纸业也十分兴盛[157-158]。

（2）浙东板块特色历史城镇商贸路线

浙东段大运河因其东西向联通内河与海上贸易的特性，形成了双向并行的贸易道路，有两大主要功用：

① 以绍兴为起点向东延伸的出口贸易线路

宁波港口的建成使绍兴白洋港、西陵港与浙东运河连为一体，"绍兴—白洋港—明州港"是早期的外贸线路，以丝绸和瓷器出口为主，带动了唐代绍兴作为绸业和制瓷业中心的发展。"绍兴—宁波—出海"也是主要的外贸线路之一，绍兴以东的地区如上虞等，走白洋港海路运输所耗较大，多直接通过浙东运河的内河航道直通明州港而出海。

② 以宁波为起点向西的内陆商货交易与朝廷进贡线路

浙江地区的丝绸、竹纸、瓷器、茶叶等在唐代已位居贡品之列，多通过浙东运河的内河航道向西北上江南运河运往中原朝廷，同时，该线路是浙东地区货品外销的重要干线，可经内河航道将货品销往沿线各地。

总体而言，浙东地区在运河的推动下，形成了以造纸业、丝织业、制瓷业等为主的手工业片区。同时，因为浙江地区滨海和多山的特性，也有渔业、制茶业、竹木山货业等手工业在浙东地区平原腹地发展，但整体而言较为分散且规模不及苏南及浙北两地（见表4.20）。

表4.20 苏南、浙北、浙东板块特色历史城镇经济网络分析

（来源：作者自绘）

贸易形式	市	主要产业	县、市、区	主要产业	镇、村、街道、社区	主要产业
专业市镇	镇江市	官办丝织中心、官办造船中心、民船制造中心、纸业加工、木材集散	丹徒区	造船业	辛丰镇	造船业
			京口区	造船业		造船业
			丹阳市	商货集散	延陵镇	商货集散
					吕城镇	商货集散
			句容市	商货集散	宝华镇苍头村	商货集散
专业市镇	常州市	官办丝织中心、漆器业	新北区	商货集散	孟河镇	商货集散
					奔牛镇	商货集散
专业市镇	无锡市	宜兴、江阴、常熟、武进、金坛、溧阳的杂粮集散地、棉纺织业	锡山区	棉纺织业	安镇街道	棉纺织业
					东亭街道	棉纺织业
			新吴区	棉纺织业	梅村街道	棉纺织业
			江阴市	棉纺织业、米业	云亭街道	棉纺织业
					华士镇	棉纺织业
					青阳镇	棉纺织业
					璜土镇利城村	棉纺织业
					月城镇	米业
专业市镇	苏州市	官办造船中心、官办丝织中心、民办丝织中心、民船制造中心、粮业中心	吴中区	纺织业	木渎镇	酿酒业
					光福镇	刺绣业、丝织业
			昆山市	纺织业、米业	周庄镇	编织业、棉纺织业
					巴城镇正仪片区	米业

贸易形式	市	主要产业	县、市、区	主要产业	镇、村、街道、社区	主要产业
专业市镇	苏州市	官办造船中心、官办丝织中心、民办丝织中心、民船制造中心、粮业中心	吴江区	丝织业、米业	同里镇	米业、棉布业、造船业、竹器业
					震泽镇	丝织业
					盛泽镇黄家溪村	丝织业、冶铸业
					汾湖镇	米业、豆饼业、纺纱织布业
					平望镇	米业
					松陵镇八坼街道	交通业
			姑苏区	棉纺织业	唯亭镇	棉纺织业
			虎丘区	米业	枫桥街道	米业
					浒墅关镇	编织业、米业
			相城区	编织业	黄埭镇	编织业
					陆慕镇	窑业
			太仓市	棉纺织业	璜泾镇	棉纺织业
					刘河镇	交通业
					浮桥镇茜泾社区	编织业
					岳王镇	棉纺织业
			常熟市	交通业	唐市镇	编织业
					梅李镇	交通业
官办产业	南京市	官办丝织中心、官办造船中心、酿酒业、民船制造中心	玄武区	官办丝织	新街口街道	官办丝织
			鼓楼区	官办造船	江东街道	官办造船
专业性市镇	嘉兴市	丝织业、米业	海宁市	丝织业、米业	长安镇	米业
					盐官镇	盐业、丝织业
					丁桥镇	棉纺织业
					硖石镇	丝织业

贸易形式	市	主要产业	县、市、区	主要产业	镇、村、街道、社区	主要产业
专业性市镇	嘉兴市	丝织业、米业	桐乡市	丝织业	乌镇镇	丝织业、竹木山货业、冶铁业、米业
					濮院镇	丝织业、烟叶业
					石门镇	丝织业、榨油业
					屠甸镇	烟叶业
			秀洲区	丝织业	王江泾镇	丝织业、外贸口岸
					新塍镇陡门镇	丝织业
					王店镇	丝织业
			南湖区	丝织业	新丰镇	丝织业
			平湖市	综合	乍浦镇	米业、交通业、外贸口岸
			嘉善县		陶庄镇	窑业
	湖州市	丝织业、棉纺织业	德清县	丝织业	新市镇	丝织业、米业
			南浔区	丝织业	南浔镇	丝织业、棉纺织业、米业
					菱湖镇	丝织业
					双林镇	丝织业
					善琏镇	制笔业
			吴兴区	竹木山货	埭溪镇	竹木山货业
	杭州市	丝织业、米业	滨江区	盐业	西兴街道	盐业
			萧山区	米业	临浦镇	米业
			临平区	丝织业	塘栖镇	丝织业
					临平街道	丝织业
			上城区	丝织业	笕桥街道	丝织业
			临安区	米业	河桥镇	米业
			拱墅区	米业	湖墅街道	米业

贸易形式	市	主要产业	县、市、区	主要产业	镇、村、街道、社区	主要产业
专业性市镇加集市	绍兴市	综合	上虞区	外贸	曹娥街道	盐业、外贸口岸、商货集散
					谢塘镇	外贸口岸
			越城区	酿酒业	东浦镇	酿酒业
			柯桥区	综合	柯桥街道	酿酒业、米业、商货集散中心
					柯岩街道阮社社区	酿酒业
					钱清街道	盐业、商货集散中心
					湖塘街道	酿酒业
					平水镇	茶叶集散地
					安昌镇	米业、商货集散中心
			诸暨市	综合	枫桥镇	造纸业
					店口镇三江口村	外贸口岸
			嵊州市	造纸业	三界镇	造纸业
	宁波市	综合	江北区	商货集散	慈城镇	商货集散中心
			余姚市	综合	马渚镇	商货集散中心
					陆埠镇	商货集散中心
					大隐镇	竹木山货业
					丈亭镇渔溪村	渔业
					河姆渡镇车厩村	竹木山货业
			奉化区	综合	鲒埼村(莼湖镇)	渔业、外贸口岸
					萧王庙街道	丝织业
					西坞街道白杜村	竹木山货业
					溪口镇公棠村	造纸业
			镇海区	综合	望海镇	外贸口岸
					九龙湖镇	竹木山货业
			北仑区	外贸	郭巨街道	外贸口岸
			鄞州区	竹木山货	东吴镇	竹木山货业

第 4 章 显性网络：大运河文化带(鲁苏浙段)空间格局分析

贸易形式	市	主要产业	县、市、区	主要产业	镇、村、街道、社区	主要产业
专业性市镇加集市	宁波市	综合	慈溪市	棉纺织业、渔业	桥头镇上林湖	制瓷业
					横河镇彭桥村	棉纺织业
					观海卫镇	棉纺织业、渔业
					逍林镇	棉纺织业
					新浦镇	渔业
					坎墩街道	渔业、商货集散中心
			海曙区	丝织业与竹木山货业	鄞江镇	丝织业、竹木山货业
					横街镇林村	丝织业
					横街镇凤岙村	竹木山货业
					古林镇	织席业及草席销售中心
			象山县	渔业	丹城街道	渔业
					爵溪村	渔业
					石浦镇	渔业

4.3.4 大运河（鲁苏浙段）经济网络空间格局构建

大运河（鲁苏浙段）特色历史城镇通过手工业发展、商品流通与货币交易等活动，见证了运河之上南北物质交换、经济交流以及对外贸易的商品经济发展历史。商品经济的发展极大动摇了封建社会根植的"抑商"思想，统治者在主观意图下，已经试图把日益兴盛的商业活动和商人势力纳入封建经济体系的运行轨道。随着社会商业气氛的渐趋浓厚，漕运中出现的一系列商业性质活动对广大农村也产生了强烈冲击。元代，小农弃田从事商贾之务已是盛行之风。官商、豪贾、富民雇佣破落户成为普遍现象，自由雇佣的新型生产关系开始广泛出现。虽然这一现象仍是不稳定的，始终保留了十分浓厚的封建经济色彩，但不可否认的是，南北贯通的大运河已经开辟了各地城镇乡村的贸易网络，以更高的商品运输效率与低廉的运输成本推动了全国范围内统一市场的形成。

在这一全国范围内的市场中，大运河（鲁苏浙段）特色历史城镇以盐业、丝织业、棉纺织业为发展重心，在苏中、苏南、浙北地区形成了区域性产业集群。

同时，自济宁经宿迁至淮安的商品转贸链条建立，进一步于宁、镇、锡、常、扬、泰、盐一带形成了广泛的商品交易市场，具有沿长江向东西部地区进一步扩散的整体趋势。然而，与苏南地区和浙北地区相比，浙东地区虽也滋生了众多手工业特色历史城镇，但整体而言，这些城镇并未产生明显的集群式特征，同时以向沿海地区聚集为主要发展趋势。

4.4 大运河（鲁苏浙段）文化网络的空间格局分析与构建

在春秋以及更早时期，大运河（鲁苏浙段）的几大主要文化区域已然形成。这些文化区域在大运河水道的发生发展过程中为运河所串引，在与"水"的互动中进一步融合、细分，最终形成了今日大运河（鲁苏浙段）的整体文化格局。同时，正如 Szabolcsi Bence 认为的，较之政治手段，水路畅达对区域间文化差异的消除作用更为明显[159]。在大运河（鲁苏浙段）长期发展的过程中，运河文化成为一种兼具融合与变异特征的特色文化类型，成为多样统一的区域文化的重要组成部分，承载了丰富的物质文化遗产与非物质文化遗产。

4.4.1 大运河（鲁苏浙段）的文化区与文化类型

(1) 大运河（鲁苏浙段）的主要文化区

早在 21 世纪之先，李慕寒等学者基于王会昌先生在中华文化共同体地理分区方面的研究成果，提出可以将中华大地的地域文化概述为 16 个具有鲜明地理特征的地方区域文化，大运河（鲁苏浙段）则穿越了沿线区域的中原、齐鲁、淮扬、吴越四大文化高地[72]。

中原文化本体位于河南省及附近地区，今山东省西南、江苏省西北地区都受到其影响，是中华文化的母体，由早期裴李岗文化、仰韶文化、龙山文化等兴起。历朝历代的政治改革确立了中国几千年封建社会的基本制度与中华文化的基础礼仪，有力地推动了中国经济社会的发展，并通过战争、宗教和人口迁徙引领东方文明的进程，造就了中华民族"天人合一、尊道贵德"等民族性格，具有"大同、兼容、和合"等特点。

齐鲁文化发源于春秋，在此后相当长的历史进程中，一直作为封建大一统社会政治理论和文化制度的骨干。其以孔子和老子为代表，崇尚对人的关注以及对天道、人道和天人关系的探索，是中国民本思潮的精华所在。齐鲁文化确立了人的主体性地位，在此基础上建立伦理道德学说，提出"礼乐之治"，极具人文学派的光辉。长期以来，齐鲁文化孕育了齐鲁地区人民崇尚伦理、重视革新、重义轻利的性格特点，是中华民族精神的高度凝聚。

淮扬文化起源于淮河与扬子江的下游地区，该地自古以来是黄淮的溢水走廊，也是兵家必争之地。长期居于秦淮河分界线一带，使淮扬文化呈现出"合和南北"的文化特性。淮扬地区先民在长期的天人斗争与文化共融中，展现出了极强的生态适应能力，使黄泛之地成为鱼米之乡。淮扬人性格兼具吴越文化的温婉细腻与北方文化的粗犷豪迈，形成了刚柔并济的人文精神，极具多元性与包容性。

吴越文化孕育于长江三角洲地区，该地自古占据水土丰沃、气候适宜的农田耕种之利，成为全国的主要粮仓。吴越地区富庶的水土环境、发达的水上交通是人口聚集、社会发展的重要基础。千百年来，既呈现出崇文重教、人文兴盛、士子以文相尚的社会风气，又在经济发展中呈现出海纳百川、重商务实的多元精神特点。

（2）大运河（鲁苏浙段）的特色文化类型

大运河的发生演进以地域文化为基底，通过漕运制度以及繁荣的漕运活动对沿运地区民众的传统价值观念、生活习惯与精神信仰都产生了巨大的影响。漕运文化成为大运河文化的主体，是世界范围内绝无仅有的特色文化类型。

在古代中国的农耕社会，宗法血缘是小农之间的纽带，自古以来形成了以伦理道德为核心的传统文化，"安土重迁、顺应天命"是较为普遍的价值认知。但实际上，直至封建社会晚期，漕运体制带来的经济现象已经极大改变了小农群体的价值选择。首先，明清时期的漕运制度放任私人买卖交易，大量的商人群体聚集于运河一带进行商品贸易，极大推动了资本主义经济的萌芽。商人群体以雇佣小农生产打破了传统以个体家庭为单位的生产模式，导致社会贫富差距不断加大。在此环境下，不少小农选择弃农从商，或从事商业性的纺织业、丝织业、果品加工业生产，脱离了原有的自给自足的生产模式，重农抑商的社会观念逐渐淡化。其次，大部分小农从商必然要离乡索居，这是对传统意义上"故土难离"这一观念的极大颠覆。但是，农耕社会的本质不会改变。离乡的商人在运河沿岸城市建立同乡会馆，形成地域性的商人团体，成了运河区域独特的社会现象。最后，沿岸民众对运河航运的仰赖也导致其风俗信仰的变迁。沿运社会普遍供奉妈祖以及金龙寺大王等水神，以拜求其保佑船夫、漕军、商户的平安归来。

自古以来，运河水道将所经之地串作珠链，各地的教义学说、社会民俗、审美意趣、饮食习惯传播甚广，在融会中不断以减少地域差异的态势向前发展，逐渐呈现出共通的文化特质。活态运河社会的民众形成的一种崇尚商利、注重享受、传统意识淡化，但又因处于封建社会而必然受到封建礼制束缚的矛盾特性，这是大运河漕运文化最直观也最深刻的文化特性。

（3）大运河（鲁苏浙段）特色历史城镇的代表性文化遗产

在文化网络的视角下，大运河文化遗产包含运河文化与地域文化在长期互动中遗留的全部可溯文化遗产资源，包含物质文化遗产与非物质文化遗产两类。因本书选取的研究区域范围较广，涵盖的相关文化遗产繁多，为直观、高效、高质地呈现大运河（鲁苏浙段）特色历史城镇运河文化遗产资源的富集程度以及文化特点，仅选取具有代表性的文化遗产子项。2002 年，《中华人民共和国文物保护法》第十三条规定指出，国家级文化遗产由省、市、县级文化遗产中具有重大历史、艺术、科学价值者组成。由中华人民共和国国务院公布的国家级文物保护单位名单、国家级非物质文化遗产代表性项目名录为本书研究提供了主要参考（见附录2）。

4.4.2 鲁南板块特色历史城镇文化网络分析

（1）鲁南板块文化区

鲁文化区

大运河（鲁南段）涵盖的任、枣两市均属鲁文化区。鲁文化由早期的"东夷文化""周文华""夏商文化"孕育，其中心位于今曲阜。历史上，孔孟儒学即诞生于鲁文化的沃壤，成为鲁文化的代表。儒学多尚"仁道"、重"礼治"、求"德政"、寻"创新"，于周礼思想的基础之上提出"爱人""有教无类"，形成以"仁"为核心的价值观念。鲁文化保守而重农轻末、重文轻武，以礼乐教化为主。在运河重商价值观念的长期影响下，鲁南地区始终具有传统君主统治及小农经济色彩。任、枣地区也曾哺育了多位至圣先贤，如孔子即古代邹城人、墨子生于滕州、孟尝君生于古薛、鲁班生于滕州，更有亚圣孟轲、复圣颜回、宗圣曾参、述圣孔伋等，他们均是鲁南地区文明发展的见证者与传承者[160]。

(2) 鲁南板块特色历史城镇代表性文化遗产的分布趋势与特点分析

在鲁南板块特色历史城镇的主要研究范围内，本书对 33 个国家级物质文化遗产和 14 个国家级非物质文化遗产的富集程度和分布趋势进行分析。结果表明，鲁南板块的物质与非物质代表性文化遗产分布趋势差异较大。物质文化遗产富集于济宁、邹城一带，在周边的嘉祥、金乡、兖州、薛城的主城区也有分布，以新石器时代至汉代的古遗址为代表，如薛城遗址、贾柏遗址、西吴寺遗址等。非物质文化遗产以民间文学和传统戏剧为代表，集中于嘉祥一带，在周边的金乡、济宁、邹城也有相应分布。总而言之，任、枣两地具有代表性的文化遗产散布于鲁文化圈的"嘉祥—济宁—邹城"这一东西向轴线，且多与早期文明相关，具有强烈的稳定性以及保守的文化倾向。

4.4.3 苏北、苏中、苏南板块特色历史城镇文化网络分析

(1) 苏北、苏中、苏南板块文化区

① 吴文化区

吴文化可追溯至旧石器时代的"三山文化"新石器时代的"马家浜文化"以及"良渚文化"等，以苏、锡、常三市为主要文化辐射地。就本质而言，吴文化属吴越文化之分支，与南部的浙江地区文化为同一文化体系。但在漕运转贸的千年以来，吴文化在与中原文化的频繁交往中亦受其广泛影响，成了中原与浙江地区文化的中枢之地，具有鲜活灵巧、细腻典雅之特点。苏州园林、苏绣、昆曲等文化遗产在吴地审美的多重影响下成为区域的文化标识。

② 楚汉文化区

楚汉文化起源于早期的"青莲岗文化""大墩子文化"及"花厅文化"等，在先秦之时进一步融合长江与淮河两大文化体系，以徐州为中心辐射至宿迁、盐城、连云港地区，在江苏地域的文化分区中占有极大比例。东周时，徐州已然雄踞一方，因地处中原、江淮与齐鲁之间，在历史的发展中形成南北共塑的文化特性，自古以来也是兵家必争之地，不但有西汉、南朝、南唐的三位开国皇帝，项羽、樊哙等勇夫人杰，亦有萧何、张良等崇文谋士。地区先民历经楚汉之争等数百场战役多有尚武的性格特点，文化审美亦偏爱激昂的战争主题。在明清黄淮泛滥的数百年间，楚汉文化区人民以黄楼、镇淮楼、范公堤等文化遗产为现代观者展现了治水与斗水的历史篇章，苏北灌溉总渠、连云港拦海大堤等现代水利工程

亦是这一精神的不朽延续。

③ 金陵文化区

中原衣冠南渡之时，北方本土文化与南方文化融汇交流，在南京这一偏于一隅的政治文教中心合为一体，成为金陵文化。金陵文化自南京向周边地区辐射，官话与吴语并存，既在南部吴文化的辐射下形成了细腻的市井气息，也兼具中原主流文化的粗犷不羁，其文化特征独树一帜。同时，南京作为十朝古都，金陵文化又形成了鲜明的都城文化特质，兼具六朝文化、明文化和民国文化的历史基因。

④ 淮扬文化区

淮扬文化以扬州与泰州两地为核心，辐射至淮、镇地区，因春秋的诸侯战争，又兼具吴、楚、越的文化特性，在地理区位上实为南北文化的中枢，长期以来形成兼容并蓄的文化特性。淮扬文化的发展得益于盐业的兴旺与中央"多政融合"的支持，盐商成为淮扬文化的重要载体之一，何园、个园等名扬天下的私商园林皆为其所建。会馆、行业公所等成为各地商人宗族及经商族群的集会之地，是淮扬文化在运河带动下形成汇聚四方文化特点的历史证明，其文化具有精巧别致与清丽优雅的典型特征。

⑤ 海洋文化区

海洋文化自先秦起逐步成型，以连云港、盐城、南通连成的带状文化区域，自古以来便为生产淮盐的财税之地与通达四海的发展之窗，极具开放大胆的海派气质。历史上，大运河作为淮盐产销的重要一环带动了海洋文化向内陆地区的发展，而沿海港口的开辟则打通了海洋文化的海上传播之路。历史上，鉴真于古扬州港东渡、圆仁自南通古掘港登陆、郑和由太仓浏家港七下西洋，开启了对外交往与航海时代的序幕。龙江船厂遗址、天妃宫、浡泥国王墓等均是中外建交、友好往来的历史证明。

(2) 苏北、苏中、苏南板块特色历史城镇代表性文化遗产的分布趋势与特点分析

在苏北、苏中、苏南板块特色历史城镇的主要研究范围内，本书对 248 个国家级物质文化遗产和 159 个国家级非物质文化遗产的分布趋势与富集程度进行分析。结果表明，苏北、苏中、苏南板块代表性文化遗产的主要分布区域与宁、扬、苏的中心城区范围高度重叠。江苏地区物质文化遗产广泛涵盖自新石器时期至近代的各类型文化遗产，成团状聚集发展态势。其中，早期的物质文化遗产多为原始文明的

相关遗址，而自唐宋之后，便与运河文化产生了密切关联，如兴化垛田、苏州织造署旧址、汪氏小苑、仙鹤寺等。民国时期，物质文化遗产则以无锡的近代工业遗产独占鳌头，成为运河由盛转衰之时，农耕文明与工业文明交叠的里程碑。

江苏地区的非物质文化遗产，在地理空间中多呈现明显的南北带状分布趋势。在运河漕运带动的文化流转下，沿运地区的传统戏剧、传统美术、传统技艺等广泛传播于各地。举例而言，扬、镇均以扬剧见长，淮剧主要留存于盐、淮、泰三市，剪纸技艺在扬、徐、宁、镇一带基于本土特点进一步发展，此类非物质文化遗产的传播现象举不胜举。同时，在中华文明发展历史上占据举足轻重地位的绿茶制作技艺、丝织技术、木船制造技艺、棉纺织制造技艺、印刷技艺等传统手工技艺均是与运河产业经济发展息息相关的非物质文化遗产。运河文化在融于吴、楚汉、淮扬等地域文化的同时，进一步造就了沿宁、苏、镇、常、通东西向发展的丝织文化丛、棉纺织文化丛等，在大同区域文化之下形成了各异的文化发展方向与独特魅力。

4.4.4 浙北、浙东板块特色历史城镇文化网络分析

（1）浙北、浙东板块文化区

① 古越文化区

古越文化源于河姆渡文化，以今绍兴为中心，以宁绍平原为腹地，北枕钱塘、南接诸越，倚傍东海，而与荆楚之地区隔，造就了古越族独有的民族语言，以及带有浓厚"信巫鬼、重淫祀"色彩的精神信仰和图腾崇拜习俗。同时，古越族自勾践起便好勇善战，为便于入水保有断发文身的习俗[161]，具备有野性的本我精神特征，这和保守的中原文化与灵动的吴文化形成鲜明差异。

② 吴越文化区

吴越文化由吴文化与越文化的历史激荡而来，以二者交融的嘉、杭、湖地区为核心。吴越先民借习水之性形成冒险开拓的精神，在早期已经向舟山群岛和日本南部等地谋求发展，是最早尝试征服海洋的民族之一。其在庆祝丰收的重乐习俗之中吸纳了越族对鬼神迷信的文化特性，同时也形成了喜好诗文礼仪的吴文化审美特征。

③ 海洋文化区

浙江地区多有滨水之民，在早期木船制造、海洋航行中形成了极富协作精神

的海洋文化。唐宋之时，内陆漕运与宁波港口的设立使中原腹地得以与东亚各国实现物资交换与文明交流，造就了浙江海洋文化向外开拓的精神特质。同时，在长期的"水—人"斗争与生息与共的历史发展中，该地区先民以妈祖水神为精神信仰，并通过运河广泛传播于内陆地区。

(2) 浙北、浙东板块特色历史城镇代表性文化遗产的分布趋势分析

在浙北、浙东板块特色历史城镇的主要研究范围内，本书对 144 个国家级物质文化遗产和 125 个国家级非物质文化遗产的分布趋势与富集程度进行分析。结果表明，浙北、浙东板块的代表性文化遗产密集分布于杭、绍两地的中心城区，在宁波主城以及象山沿海地区也存在聚集现象，除此之外，离散式分布于其他各市。其中，浙东地区的物质文化遗产多为早期文明的相关遗址与王室墓葬，绍兴主城也多有鲁迅、秋瑾、蔡元培、徐锡麟等清至近代名人的故居遗留，而杭州主城多有六和塔、闸口白塔、凤凰寺、梵天寺经幢等寺庙塔院遗存，宁波主城在二者基础之上多有钱业会馆、江北天主教堂、宁海古戏台、庆安会馆等与运河文化息息相关的文化遗产。总体而言，浙江地区物质文化遗产带有强烈的历史文化导向与人文色彩。

浙江地区非物质文化遗产主要形成了两方特性。其一，传统技艺呈现集群式分布特征，主要分布于杭、绍、嘉、湖一带，如越窑青瓷烧制技艺留存于上虞、杭州、慈溪地区，桑蚕织造技艺遍及湖、杭一带多个下辖市区域。其二，各地的传统戏剧等文化皆呈现分立发展之势，如宁波甬剧、余姚姚剧、绍兴绍剧、湖州湖剧皆未实现区域式发展与广泛传播，仅在起源地多有记载。可见，运河漕运虽带动了区域手工业生产在嘉杭湖地区的辐射式面状发展，吴越文化的一体式特性也推动越剧、昆曲等成为浙江地区人民广泛认可的传统戏剧形式，但在此背景下形成的地域文化分支未能进一步在杭、绍、宁等主要城市之间实现深化交流。可以说，浙江地区的文化丛受运河影响，一方面，展现出了区域共通的文化特质；另一方面，由于政府长期以来对浙东地区运河治理的放任态度以及浙江地区多山的地理特性，造就了地区区域自治与各自独立发展的文化特征。

4.4.5　大运河（鲁苏浙段）文化网络空间格局构建

大运河（鲁苏浙段）文化网络的空间格局是传统文化区与运河文化在历史的相互作用过程中或在朝代与政权的更迭下，形成的具有变异与重构特性的传统文

化细分区域。通过文化分区我们可以直观认识到，传统文化分区将活态运河途经的三省分割为四大主要板块，齐鲁文化与吴越文化呈现出跨越省域发展的整体特性。以此为基础，在古代政权更迭、地理环境变迁、行政区划管治方式不一等多重因素的影响下，各细分文化区又显现出更接近现代行政区划意义的空间格局。

在历史的演进过程中，传统文化区相较于细分文化区往往有着更为稳定的区域文化基底特性。比如，南京在作为历代王朝古都之时，产生了较为特殊的金陵文化，镇江长期作为南京的都城门户，受到其相当影响。但当政治中心位于中原腹地或北方地区之时，镇江文化又亲于淮扬文化，并产生了与之相近的文化特性，有古琴艺术、扬剧等与其相近的非物质文化遗产留存至今。除此之外，齐鲁文化区的连云港与原属于淮扬文化区的盐、通两地同为海洋文化的主要载体。淮安在长期与水、与人的斗争中，作为淮扬文化区组成部分之一，与北部的徐、宿两地同具有楚汉文化的精神特质。而大运河（鲁苏浙段）在传统文化格局这一分异现象的产生过程中所起到的地理联通作用以及漕运文化这一新、异文化对传统文化的再塑造作用，是不可忽视也是不可替代的。

4.5 本章小结

基于大运河（鲁苏浙段）显性文化网络的历史推演与空间构建，本书发现，活态运河特色历史城镇的空间格局由生态网络、社会网络、经济网络、文化网络叠合而成，相关特色历史城镇成为盘整运河文化资源的重要空间载体。与此同时，在活态运河的发展进程中，鲁南、苏北、苏中、苏南、浙北、浙东六大特色历史城镇板块的相邻板块之间，往往因具有共同的发展要素或相似的内生动力而产生了空间连结，在发展中具有相似的特性。对这一现象进行深入挖掘，探究大运河（鲁苏浙段）特色历史城镇发展的原因与相应模式，是深入理解特色历史城镇文化内涵的重要基石。

第 5 章

隐性网络：大运河文化带
（鲁苏浙段）内在发展机制分析

大运河（鲁苏浙段）特色历史城镇的模式研究是建立于共时性视角的类型学研究，即基于既有的"生态、社会、经济、文化"四大层次文化网络及其空间格局，探究"鲁南、苏北、苏中、苏南、浙北、浙东"六大特色历史城镇板块之间相同或相异的发展模式，将具有相同发展模式的特色历史城镇板块归类，进一步阐明其内在机制，构建具有共通文化生态的大运河（鲁苏浙段）特色历史城镇板块群，作为大运河文化带（鲁苏浙段）特色历史城镇文化遗产保护方法探究的依据。

5.1 生态网络：三大生态模式的内在发展机制分析

5.1.1 鲁南—苏北—苏中板块生态模式的内在发展机制

（1）水利调节模式——以漕为主，湖为河用

鲁南、苏北两大地区的湖体作为运河水源的排蓄系统，形成以运河为中心的水利调节模式。鲁南运河水道以西的昭阳湖、独山西侧湖体高于运河地势，作为运河水柜；运河水道以东的南阳、微山两湖和昭阳、独山两湖的东部低于运河地势，作为运河水壑。南四湖主要为洳运河补水，同时将溢洪泄入皂河和骆马湖，骆马湖则作为供给中运河水源的水柜。江淮地区，洪泽湖成为蓄纳黄淮泛水的水柜，其将溢水通过东南方向的青州涧、浔河、草子河排入高邮湖（洪泽湖泄水水壑）进而过淮扬运河并通过东西向的通海水道东排入海。蓄泄水道与串场河形成了网格系统，尽可能降低了黄泛对运河水系的影响，自然水系均为漕河所用。

（2）水田发展模式——以河为主，抑田而漕

黄淮地区水利与农田布局呈现弱关联性，以水利抑制农田发展为主要发展模式。黄淮地区农田因政府对运河水利的严管而难获其利，对运河水利依赖度低，以周边县治府城为中心向外扩散。同时，因农户农副产品买卖的需求，农田多分布于地处运河支流的县治地区，形成支流水系终端聚集农田的发展模式，运河水利和农田格局互相分立。长期以来，鲁南地区农田水利矛盾日益加重。漕运制度衰败后，南四湖因农户大兴养殖被人为侵占，水体逐渐缩小，这一趋势一直延续至今。江淮地区水利与农田布局虽也呈现弱关联性，但地区农户基于运河水利格局在空间分布、作物种类、农田类型方面均进行调整，垾田、湖荡田的出现即表

现出农田基质的适应性特征。总体而言，黄淮—江淮地区的运河水利对地区的农田格局有决定性作用。

5.1.2　苏南—浙北板块生态模式的内在发展机制

江南地区由早期蛮荒之地发展为唐宋之时的东南财税重地，得益于太湖流域稳定丰沃的自然水系。运河为太湖流域的开发带来了大量人口。借太湖四周地区的天然水系为灌溉水源，塘浦圩田和泾浜圩田被大范围开发，形成了"河、湖、田"互相促进的稳定生态景观格局。

（1）水利调节模式——湖河一体，蓄排兼宜

太湖作为中心水源，以东侧娄江、吴淞江为主要泄水通道，缓解东部低洼地区的防洪压力。运道与太湖流域周边水系呈同心圆结构，以望虞河、胥江等与太湖相连接，在充分遵循天然系统的情况下将太湖作为运河水柜，将太湖水系以及丹阳南部的孟河、上容渎、破岗渎、秦淮河水系作为运河的补充水源。太湖及其周边水系不但成为为运河服务的天然蓄泄系统，也是农田的灌溉之源。如此一来形成"以太湖为心、以运河为纬、以众河为经"的一体化水利发展模式。

（2）水田发展模式——水田共促，精细发展

太湖流域的河湖水利主要表现为对区域农田发展与种植类型分化的促进作用。塘浦圩田以区域水系为骨架，广泛分布于自太湖南部顺时针至东北方向的广大扇形区域。江苏东部的昆山、太仓等区域形成了更加致密的泾浜圩田，嘉兴嘉善北部洼地形成了圩荡田。太湖地区，尤其是太湖东部的人口密集之处，农田的充分开发得益于地区的水利系统。同时，地区农户以精细化、集约化、低能耗、高收入的开发理念，在圩荡田地区创造了具有生态可持续发展特征的桑基鱼塘，代表了中国农耕社会最为高级的农业形态。

5.1.3　浙东板块生态模式的内在发展机制

（1）水利调节模式——天人合一，顺势而为

宁绍平原天然水源充足，治水工程的目的在于水路的梳理和水资源的调配，多利用既有湖泊和河流维系漕运活动。曹娥江、西小江、慈江、姚江、甬江等天然水系将宁绍地区划分为众多平原，这些平原借地区的自然资源充分发展农业种植。

宁绍地区对水环境的治理主要集中于通过筑拦海坝改善沿海地区土壤条件、通过建塘储蓄淡水、通过局部水道的渠化和闸坝设施对天然潮汐性河流进行水利调节，以使运河系统在天然水系的枯泛时期均可正常航运，基本没有改变地区既有的水势，而是根据环境变化和社会需求调整中心和策略[162]。

(2) 水田发展模式——水田共促，内向发展

浙东运河与自然或者稍加渠化的河湖共同构成了区域水网系统。宁绍地区的水利工程修治广泛用于农田灌溉，涂田、湖荡田、塘浦圩田等根据水利形成的土壤特性适地分布在宁绍平原的广大区域，形成了以自然水系为主、渠化运道为辅的农田灌溉。明清时期，宁绍地区实行水利地方自治，形成满足本地民众生活和经济需求的内向型农业。

5.2 社会网络：三大运河管理模式的内在发展机制分析

5.2.1 鲁南—苏北板块运河管理模式的内在发展机制

(1) 治理模式——中心鲜明，政府主导

元明清三代，国家政治中心多位于北部地区。漕粮运输是国家开河和护河的根本目的。政府多通过建立严格的漕河管理体系与管理机构，维稳黄患频繁的鲁南—苏北地区的漕运活动，促成两地社会形成尤为突出的政治连结特性。

明朝时期，中央政府下设省、道、府、县四级行政区，每2～3省分配一个总督，每省下设巡抚行使行政权力。山东则不设总督而由地方巡抚负责地方政务。清乾隆年间，山东巡抚品级提高到可以管辖一省军政，形成河道总督与巡抚同级分立的局面。济宁河道总督不仅负责江南运河以北河段的河政管理，更有权涉及所辖区域运河沿线的地方行政事务，地方官员也受河道总督的指挥，形成了"行政治理—河政治理"重叠的治理体系，形成完全由政府主导的治理结构。

(2) 治理结构——"市—镇（县）—村"

鲁南—苏北一带以济宁、兖州为主要区域行政中心下辖各县，镇级地区作为县级地区的行政副中心，不具备行政职能，村落由县级地区直接管辖。济宁作为漕河治理中心，在南北的南旺、夏镇、吕梁、高邮形成四个治理副中心，对运河

所设闸坝地区因设置闸官、闸夫组成的小型村落进行统一管理，沿运漕政中轴形成（见图5.1）。

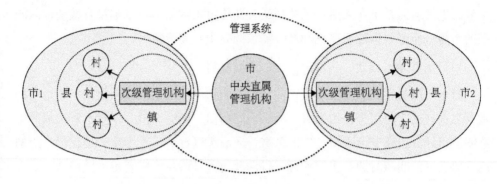

图 5.1　鲁南—苏北地区运河管理模式的内在发展机制

(来源：作者自绘)

5.2.2　苏中板块运河管理模式的内在发展机制

(1) 管理模式——政府为主，市场为辅

在淮扬地区，运河治理系统主要包含漕运管理系统、河道管理系统、税收管理系统、漕盐管理系统以及水驿五个系统，五大系统均由中央直接管辖。漕运、河道、税收管理系统是典型的政府主导型管理系统，中央沿运河在各市平均下设2~3个粮仓。漕粮征收使国家有权对社会财产进行再分配，实现对粮食市价、赈饥救灾等事宜的及时调控与宏观管理。而漕盐管理则是政府借市场化手段调控实现活力再生的管理模式。政府通过下设管理机构控制漕盐质量、划定贩盐路线，将漕盐之利的权力让渡于私商，促使淮扬运河、通扬运河、串场河一带形成广泛的盐业交易市场，以市场介入实现了传统政治管理模式的变革。

(2) 横向管理体系——三政集中，职能互补

在淮扬地区，不论是由政府主导还是市场化兼容的管理体系，其治理中心大都位于淮、扬两地，形成以淮安为中心的漕运管理，以扬州为中心和以淮安、南通、泰州为副中心的盐运治理，以吕梁（宿迁）、扬州、淮安为中心的河道治理，淮、扬两地无疑成了江苏地区漕河管理的绝对政治中心。与此同时，淮安与扬州在各为漕政、盐政管理中心的同时，又分属于对方管理体系下的管理副中心，形成了以淮、扬两地统管区域治理的集中式职能互补的管理模式。

（3）纵向管理体系——"城—县、县—镇、村"

在纵向管理中，淮、扬中心城市的府城通常为区域治理最高行政中心的所设地。下辖的市（县）及较为发达的镇常设有次级管理中心，如高邮的南河分司以及仪征的批验盐引所等。同时，通过设置管理机构将基层村镇纳入管理系统，例如水驿与粮仓多设于沿运水口的村镇地区，沿河村镇地区还承担河道水利设施的管理工作。设水驿的地区多配有纤夫拉纤，带来了大量人口聚集。尤其淮扬两地为水道易淤之地，每驿负责拉纤的纤夫都高达几百人，这些纤夫多受雇于朝廷而不事生产，因此推动了具有管理职能的村镇产生，形成"城县（镇）一体，以村（镇）串带"的纵向治理模式[163]（见图5.2）。

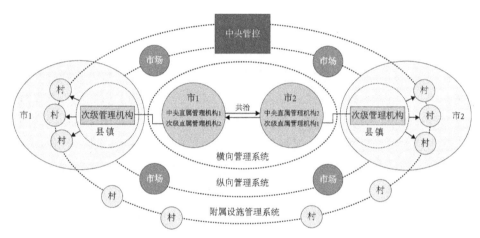

图5.2 苏中地区运河管理模式的内在发展机制

（来源：作者自绘）

5.2.3 浙东板块运河管理模式的内在发展机制

（1）管理模式——行政区隔，区域自治

浙东运河管理机构不论在密度或在数量上与江苏、鲁南两地相比都较低，在政治意味上表明浙东地区的运河治理并非主要由国家承担，而是形成了以区域自治为主的管理模式。浙东地区的水驿设置主要集中于宁绍两地的府城，水驿之间路线间隔较长且数量较少，证明浙东地区在内河漕运中的历史地位以及中央对其的重视程度都不及嘉杭湖一带。尤其宁波地区四明驿还多承担对外来使的接待工作。浙东运河成为与各国交往的主要通路，而与钱塘江以北地区多以内河漕运为主职的河道有所差异。在清代，浙东运河运输能力逐年降低，航运设施老旧无力，运河管理机构更受政府进一步裁撤[164]。

就粮仓的设立而言，浙江地区仅浙北一带有水次仓记载。有清一代，漕米征收主要来源于苏南的苏、松、常、镇以及浙江的嘉、杭、湖七府，所产之米多运至内务府或供给百官。钱塘以南的浙东地区在唐朝后期尚有粮赋，而至明清，宁绍两府仅承担江南漕粮的附加税[165]。长此以往，浙北地区在地理空间上被视为江南运河的尾端，与浙东地区分离的趋势伴随政治中心北移更加明显。这一点在税收管理机关的设置上体现更为鲜明。明代沿运河最多设有八大钞关，在浙江境内仅在杭州设有北新关一关，更加证明了浙东在国家漕运战略布局中的弱势地位，导致大多数情况下，本地水利工程建设多为地方社会和官员承担，而不如钱塘江以北地区多由政府动员。

（2）横向管理体系——以河为辅，以海为主

在中央政府对钱塘江南北两地运河的差异化管理下，浙江地区逐渐分化为嘉杭湖、绍、宁三种城市发展模式。在秦统一后的大部分朝代，浙江城市都呈现较为强烈的疏离中央政权的特色。在政治中心北移及苏南、浙北地区商业经济发展后，浙东基本被排除在中央对漕河的管辖之外。明初西兴堰废，钱塘江作为历代以来连结两浙地区的通道逐渐被弃用，导致浙东与钱塘江北部地区政治与区域连结的进一步区隔。

而宁波地区在长期发展中，与沿海港口以及东南地区的泉州、广东等地组成了一体化城市圈，面向东部沿海地区，作为主要发展中心。明洪武四年（公元1371年）虽有海禁政策，但宁波作为三大港口之一，仍与泉州、广州共同作为来华朝贡国家的泊船口岸，主要承担与日本互市的外贸功能。清康熙二十三年（公元1684年）下令开海，由浙江东部沿海港口运往日本的茶、丝绸、纸、瓷器等货物主要来自南京、浙江、福建、广东等地。康熙二十四年（公元1685年）设宁波海关，又在康熙三十七年（公元1698年）在宁波和定海设浙海分海关，逐渐确立了其主要港口地位，使浙东运河作为对外贸易的通道，其意义远大于内河航运，海港城市的外贸城市圈逐渐形成[166]。鸦片战争后，宁波港是向西方开放的口岸之一，浙东海上丝绸之路被纳入新的经济贸易圈，在之后的发展中受到西方文明的较大影响。

（3）纵向治理体系——扁平治理，"城—街道（镇）"

浙东地区因所设管理机构较少、以区域自治为主，其纵向治理体系也呈扁平

化发展状态。浙江地区除有市舶司设于宁、杭中央府城外，水驿与粮仓也多设于府城内沿河分布县治的中心街道或规模较大的既成市镇，且管理机构级别无异。除此之外，浙东运河设有大闸与拦河坝之处也多形成市镇，并有不具备行政管理职能的村落绕市镇而生，多为市镇的闸夫等管理人员提供生活必备物资，以城、县（镇）为主设管理机构成为浙东地区的主要管理模式（见图5.3）。

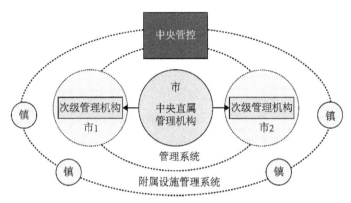

图5.3 浙东板块运河管理模式的内在发展机制

（来源：作者自绘）

5.3 经济网络：三大经济发展模式的内在发展机制分析

5.3.1 鲁南—苏北板块产业模式的内在发展机制

（1）经济发展模式——粗放发展，以贩代产

明清时期，鲁南—苏北地区的县城尚停留在以村落为单位的广泛农业生产阶段，仅有部分地区以传统农耕产物和商业化农业生产为主要经济来源。除此之外，煤炭产业和冶铸业成为枣庄、徐州的特色产业。两地形成以农业一产为主，以农业二产为辅的产业结构特色。同时，因为缺少大规模专业化手工业发展的推动而未能形成专业市镇。即使是区域经济中心的济宁，也仅在外城形成农产品和农副产品贸易市场，在府城内仅有烟草产业显现了小规模商品经济发展特性，但也未能进一步实现扩大化发展。

（2）产业布局——以农为主，离散分布

现今，鲁南县级地区城区空间的生长格局与古运河支流水系的流通方向保持一致。比如，白马河垂直于南北向的南阳新河联通邹城市，邹城市中心城区呈现东西向发展趋势，而台儿庄市峄城区通过南北向的氶水与东西向的泇运河相连，峄城区也呈现南北向扩张特征。在古代，运河支流大多为古水系，通过运河的连带作用成为鲁南—苏北地区的经济轴线。县的经济发展通过古水系与运道沿岸的市镇紧密连接，二者形成了连带发展关系。因此，农业产业的分布多受支流与主水道的联通影响，而较少注重产业片区的构建，农田种植呈现非合作性的离散发展特征。

（3）供应关系——村县一体，镇为中枢

在鲁南地区，县级单位中的村落承担上游作物种植、原材料生产等工作，也普遍从事中游的初级加工制造工作，市镇承担下游的农副产品零售、交通运输和仓储，形成以"农业生产—初级加工—转销"或"农业生产—转销"为主的供应体系。针对此，县城的经济来源主要取决于本地与市镇的交通情况以及市镇对产品的需求量。但市镇在作为县级地区商货集散中心的同时，也是运河南北特产的贸易市场，受到县级地区生产量的影响较小，主要表现为市镇对县治的单向影响。

（4）城镇村经济发展水平——城镇为首，产销分明

鲁南—苏北市镇经济的发展聚集交通便利、物资集散两大先天优势，南北运河及周边县治的农副产品都汇集于镇，将镇的经济职能抬高至县级地区以上。而济宁作为区域管理与经济发展叠合的中心城市，形成了中心城市综合发展、县级地区专事农耕生产、镇专事贸易转输的职能划分，经济发展水平为中心城市高于镇且高于县治。但同样，市镇因为少有可供依赖的传统与特色产业，在漕制废除之后面临急速衰落，而县级地区借现代交通实现进一步发展便是情理之中的事（见图5.4）。

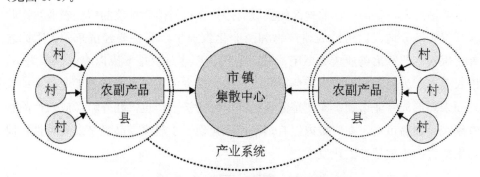

图5.4　鲁南、苏北板块产业模式的内在发展机制

（来源：作者自绘）

5.3.2　苏中—苏南—浙北板块产业模式的内在发展机制

江淮、太湖两大平原产业发展的原生力虽有本质差别，但都形成了以市镇为基本单位、以专业化发展为主导的特色经济，产生了因资本流动而行政边界消融的区域经济发展导向，其差异主要表现为江淮地区为单一产业的集中式发展模式，而太湖平原形成了多产业交错融合的发展模式。

(1) 经济模式——集约发展，产贩一体

在明清时期苏北地区尚为传统的集市的背景下，江淮与太湖平原已经形成了专业市镇网络，迈入了更为成熟的商品经济发展阶段。在政府盐政的推动下，江淮村落形成以制盐为主的专业盐场。而太湖农户多舍弃传统农业种植，转向通过提高商品生产效率、发展生产技术而完成的由商业性农业与初级手工业制造到商品加工的集约型经济发展模式。

(2) 产业布局——边界消融，集群分布

在江淮与太湖地区，因商业性农业生产与手工业生产规模的扩大，专业化市场开始产生，进一步推动产业生产向商贸信息流通的市场集聚，形成特色产业集群。江淮地区主要为单一发展的盐业产业集群，而太湖平原丝织业产业集群、米业产业集群、竹木编织业产业集群等经济主导的综合性产业集群不胜枚举。相比之下，盐产业带有强烈的政府主导意识，其发展更为集中也缺少自由性。同时，产业集群多以经济发展为主导而较少受到政治管理，形成以镇为单位跨县域发展的整体特性。

(3) 供应关系——村为镇供，镇为商产

江淮与太湖平原的城、镇、村之间在明清时已经形成较为成熟的依托商品经济发展的供应链，城、镇、村也因供给关系被紧密联结。以典型的棉纺织业生产为例，太湖流域市镇是集散周边四乡农产品以及初级手工业产品的中心。市镇设有专业作坊对初级手工业产品进行二次加工，进一步实现商品化生产，或直接以初级手工制品或原材料的形式由各地客商转运至全国售卖。由此一来，市镇成为乡村的商业经济重心和手工业中心，"镇—村"成了小型市场经济体。在此基础之上，专业化市镇将农业和手工业纳入统一体系，进一步以特色产业为经济支柱，形成专业市镇网络。专业性市镇之间因区位相连也产生了大量经济交往。例如，南浔多在嘉兴一带买茧，进而在本地缫丝而成为湖丝集散地，苏、杭两地织造府则多于南浔购丝[167]。市镇在这一经济体中不从事传统农耕生产，其发达与否既取决于周边村落经济作物的年产，也取决于客商的多寡。上游原材料及下游客商均决定了市镇发展的程度，形成"村—镇—商"的纯粹商业化经济发展模式。

（4）市镇经济发展水平——中心林立，地域一体

江淮—太湖市镇在区域化专业生产的发展势头下，形成了"村—镇—商"的连锁型生产与消费关系，使散布于乡村地区的市镇与农村社会一并形成经济的连续体，使市镇成为农村的区域经济中心。同时，随着棉纺织业、丝织业等特色产业贸易的不断发展壮大，市镇借助发达的水陆交通网络，进行原材料和商品的广泛交易，激发了尚处于非商品经济阶段的华北与长江流域地区的资源开发意识。长此以往，不论江淮、太湖两地或其贸易辐射的广大地区，都向经济群体意识逐渐产生而地域观念消融的方向渐次发展[168]。这些发达市镇的"中心型"特征不断显现。明清时期，盛泽、震泽、同里等市镇因经济职能的增强，显现出凌驾于政治职能的中心性强化现象，其富庶程度不但超过作为传统行政中心的县城，甚至有些也超过府城，市镇成为多个经济体的绝对中心（见图5.5）。

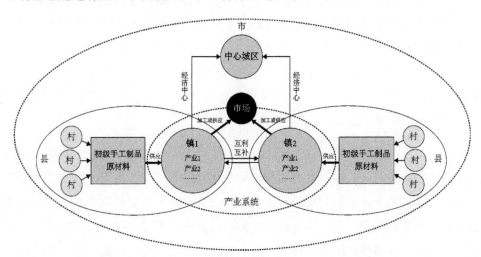

图5.5 苏中、苏南、浙北板块产业模式的内在发展机制

（来源：作者自绘）

5.3.3 浙东板块产业模式的内在发展机制

（1）经济模式——农商兼具，适度发展

宁绍两地相比于北部嘉杭湖地区的发展，显现出专业性市镇较少且多分散分布的整体特性。当地农户中，多形成了传统农业与经济性农作物并产的生产模式，经济作物产区主要集中于市镇周围，从整体来看，宁绍地区在专业化市镇的经济发展方面，显现出了从传统农耕起步但是尚未达到完全的商品化生产的发展阶段，多为传统农耕与手工业发展相结合。

（2）产业布局——区域集中，总体离散

绍兴与宁波两地的府城中有运河穿城而过，是手工业发展的集中地区。除此之外，依靠近海的区位条件，沿海地区多形成了渔业市镇。同时，宁绍两地的农田多依自然条件的差异而呈现以府城城区为中心向外扩散的间隔分布特征，纺织业、丝织业、竹木山货业等依托于种植作物加工的手工业生产随农田的分散而未能建立体系庞大的手工业集群。因而，在总体空间中，各产业虽散布于宁绍平原，但在空间单元来看，也形成了以市镇为单位的产业组团，但整体而言市场范围较小。

（3）供应关系——镇供县用，村镇一体

在宁绍两地，作为行政中心的府城地区是人口的主要聚集地，其户数远多于周边地区。同时，府城中也多有专业市镇，形成"府镇一体，四乡为村"的结构体系。就"县—镇"关系而言，宁绍地区市镇主要分为两类。一类分布于远离府城中心腹地的农村地区，多连结两县边界，成为发展手工业的专业市镇。另一类分布于沿河地区，成为县治的转运中枢。两类市镇均为县级地区的经济枢纽。对于"镇—村"关系而言，因宁绍两地农村地区尚为农户售卖农副产品的聚集地，市镇成为农村地区的商业中心。主要从事农业生产的村落，与周边市镇形成了"原材料供应村落—加工与转输型市镇"的上中下产业链。运河周边也有从事初级产品加工的村落产生，借运河便利将商货集散于沿河市镇，形成"生产性村落——转输型市镇"的中下游产业链（见图5.6）。

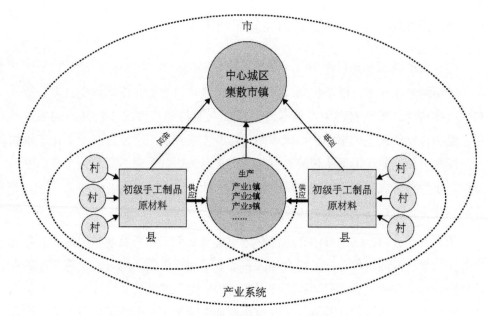

图5.6 浙东板块产业模式的内在发展机制

（来源：作者自绘）

5.4 文化网络：四大文化发展模式的内在发展机制分析

5.4.1 鲁南—苏北板块文化模式的内在发展机制

鲁南与苏北两地文化均为建立于早期文化区的文化类型，在历史的演进中具有较强的稳定特性。一方面，鲁南和徐州早在春秋战国时期便为天下九州中的兖州、徐州属地，其文明孕育与成型的时期较早，深刻根植于区域的整体发展进程。另一方面，鲁南与苏北地区运河成型的时间为明清时期，传统文化的根深蒂固与漕运的不稳定性使这一区域仍延续传统地区文化和农耕文明的精神特质与生活方式，即多以安土重迁的小农经济为主，商品经济的冲击未能彻底转变地区先民对于传统农耕的依赖。

5.4.2 苏中板块文化模式的内在发展机制

苏中板块地处吴地与鲁地交界之处，呈现对南北文化特质的糅合特征，即虽多有农户从商，但又多以从事官营产业的生产为主，对于私营经济的重视程度较低，传统农耕仍是区域社会发展的主要路径。在漕运影响下，苏中板块特色历史城镇以盐文化为重，其文化特质多因盐而形成，盐商、盐商私园等成为地区具有代表性的文化要素。区域文化虽在运河发展中进一步分化，但整体而言较为单一。

5.4.3 苏南—浙北板块文化模式的内在发展机制

苏南、浙北板块的文化呈现出多层次细化的发展特征，受漕运的影响最为直观也最为强烈。地区先民多大力发展个体经济，以至于传统农耕的发展空间不断缩小。在此基础上，手工业的集中兴起，使原有的吴、吴越文化区形成带有产业、农业特色的棉纺织文化丛或桑蚕丝织文化丛等，地区先民展现出重经济、乐于开放、善用自然的性格特质。

5.4.4 浙东板块文化模式的内在发展机制

浙东板块地处古越的一体文化下，但在历史的发展进程中，形成了以宁、绍两地为中心的具有分散型与独立性的独立文化区域，这种特性是在运河与生态、经济社会长期互动发展中造就的。一方面，浙东地区运河始终以区域水利改造和农田灌溉为主要目标，虽长期受到漕运的影响，也形成了一定的商品经济发展态势，但总体而言是以所在区域为主要发展范围，而并非跨区域发展。另一方面，浙东自古以来就有多山、土地为水利所划分的特性，地理区隔也是阻滞文化发展与传播的重要因素之一。

5.5 本章小结

本章通过对"生态、文化、经济、社会"四大层次文化网络发展模式的内在机制分析，发现在大运河（鲁苏浙段）六大区域板块之中，相邻板块的特色历史城镇之间具有相似或相异的发展模式。通过对具有同一发展模式的区域板块进行重组，指出在大运河"生态、文化、经济、社会"等类型文化的发展过程中，各发展模式所包含的特色历史城镇作为一个整体，往往具有共通的文化生态背景，在遗产保护中应将其划为同一类型进行整体性保护与规划。在此基础上指出，"鲁南—苏北""苏南—浙北"等发展模式所包含的特色历史城镇更具有跨越省级行政边界发展的特性。因此，提出在活态运河的遗产保护工作中，由分省制定遗产保护规划的遗产保护方法应向跨区域协同治理演进，为大运河文化带（鲁苏浙段）特色历史城镇的保护与发展提供了新的视角。

第 6 章

大运河（鲁苏浙段）
特色历史城镇跨域协同治理研究

通过大运河（鲁苏浙段）"显性—隐性"文化网络的构建可以发现，在历史中，处于同一模式下的各空间版块特色历史城镇具有发展的同质性与共通的文化生态。在文化遗产保护视角下，大运河文化带（鲁苏浙段）特色历史城镇跨区域整体性保护视角的建立有了更高要求。与此同时，本书结合大运河文化带（鲁苏浙段）对区域社会经济统筹发展的整体保护发展需求以及活态运河的整体性文化价值，提出以跨域协同治理机制的构建带动大运河文化带（鲁苏浙段）的多维度整体保护发展。

19世纪后期以来，美国、日本、加拿大等国家跨域协同治理的大趋势逐渐显现。2010年以后，国内的京津冀、长江三角洲、珠江三角洲等地区也相继提出进行跨域协同治理的模式变革，成为带动区域经济社会发展的有力手段。然而，正如文化线路之于文化网络，基于大运河文化带（鲁苏浙段）整体保护发展的具体需求，应进一步对现有跨区域治理经验根植的环境与相应模式的适用性做出探讨，因地制宜地构建大运河文化带（鲁苏浙段）特色历史城镇整体保护发展机制，为大运河文化带（鲁苏浙段）特色历史城镇发展提供可借鉴的路径。

6.1 大运河文化带（鲁苏浙段）治理机制跨域构建的必要性

6.1.1 文化网络视角下治理机制跨域构建的必要性

本书系统梳理由鲁、苏、浙三省文物局制定的与大运河文化遗产保护相关的规划文本，发现在当下，三省对大运河文化遗产的选取标准、分类标准尚不一致（见表6.1）。

表6.1 鲁、苏、浙三省大运河文化遗产分类与选取标准

（来源：作者自绘）

保护规划名称	物质文化遗产	非物质文化遗产
《江苏省大运河文化遗产保护传承规划》	（1）核心遗产：河道、水工、制度、相关；（2）关联遗产：聚落、街区、革命、工业、农业、其他	传统技艺、民间文学、传统舞蹈、传统美术、民俗、传统音乐、传统戏剧、传统医药、曲艺、传统体育游艺与杂技

（续表）

保护规划名称	物质文化遗产	非物质文化遗产
《大运河浙江段遗产保护规划》	运河水利水运工程遗产、运河聚落、运河其他相关历史遗存、运河生态与环境景观	运河相关非物质文化遗产
《山东省大运河文化保护传承利用实施规划》	以列入世界文化遗产的 8 段河道和 15 个遗产点为重点	文学艺术、传统工艺、地方戏曲、曲艺、民俗等

在此基础之上，本书基于研究目标，提取鲁、苏、浙三省在大运河文化遗产保护中对大运河聚落的认定标准（见表 6.2），发现本书对大运河（鲁苏浙段）特色历史城镇判定的标准与《江苏省大运河文化遗产保护传承规划》中的判定标准相似，而与其他两省有所差异。三省对文化遗产认定标准的差异是导致大运河文化带（鲁苏浙段）特色历史城镇保护与传承利用发展现状不一致的重要原因。

表 6.2 　鲁、苏、浙三省大运河聚落遗产分类标准

（来源：作者自绘）

保护规划名称	聚落遗产
《江苏省大运河文化遗产保护传承规划》	相关城、镇、村
《大运河浙江段遗产保护规划》	历史文化街区
《山东省大运河文化保护传承利用实施规划》	历史文化名城、运河两岸历史文化名镇名村、历史文化街区

与此同时，大运河作为跨区域的文化遗产，有中运河、江南运河两条跨越省界的运河水道。然而，鲁、苏、浙三省对省界交界区域遗产水道的认定标准出现了较大差异。在《江苏省大运河文化遗产保护传承规划》中，鲁苏交界处的运河河道遗存包括京杭运河湖西航道以及中运河，江浙交界处包含顽塘、烂溪塘、苏州塘等支线。而在《山东省大运河文化保护传承利用实施规划》中，鲁苏交界处的运河河道遗存仅包含湖西航道部分。与此同时，在《大运河浙江段遗产保护规划》中，江浙交界处认定的遗产河道仅包含东段的苏州塘。行政区划的分隔导致鲁、苏、浙三省在行政区划交界地点的遗产保护工作难以有效衔接，大运河（鲁苏浙段）的整体保护尚难以实现。

不仅如此，在文化意义方面，鲁南—苏北板块、苏南—浙北板块的大运河文化带（鲁苏浙段）特色历史城镇，长期以来一直具有整体保护价值与共通的文化生态背景。以镇为例，现今，以省级行政边界及现有大运河文化带（鲁苏浙段）

核心保护区规划边界为主要边界的大运河（鲁苏浙段）文化遗产保护，将一体化的市镇群空间分割，使基于文化网络的市镇整体性保护难以实现。将流动的水道割裂、忽视特色历史城镇共通的文化背景，使大运河（鲁苏浙段）文化网络的整体价值难以有效彰显，成为大运河（鲁苏浙段）在遗产保护利用方面的突出问题。

6.1.2 大运河文化带（鲁苏浙段）建设视角下治理机制跨域构建的必要性

大运河文化带（鲁苏浙段）对区域社会经济统筹发展提出了具体需求。同时，活态运河具有整体性文化价值，需要鲁、苏、浙三省共同参与其保护与发展目标的制定。然而，在今日大运河文化带（鲁苏浙段）的建设中，传统的以省级行政区域划分保护范围的模式虽然在社会经济的发展中取得了显著成绩，但涉及跨行政区划的公共事务管理时，其相应弊端已经逐渐显现。

对于大运河文化带（鲁苏浙段）的整体保护与治理而言。一方面，行政区的划分导致地方政府成为区域治理主体，具有高度的行政自由裁量权和实际控制权。同时，在区划分隔中，各地政府将自身治理需求与目标作为区域管理模式的衡量基准，较少对自身与周边地区进行整体性考量，缺乏与其他省域之间的互助发展。现今，三省对大运河文化带提出的"强化文化遗产保护宣传、推进河道水系治理、加强生态环境保护修复、推动文化和旅游融合发展、促进城乡区域统筹协调、创新保护传承利用机制"六方面要求都做出了具体规划，但各方面的规划目标与制定标准尚难以对接（见表6.3）。

表6.3　鲁、苏、浙三省在大运河文化保护传承相关规划中的主要任务制定情况

（来源：作者自绘）

省	鲁、苏、浙三省大运河文化保护传承相关规划的主要任务
山东省	加强文化遗产系统保护、推动运河文化创新发展、推进河道水系治理管护、加强生态环境保护修复、推进文化旅游融合发展、促进城乡区域统筹协调
江苏省	深入挖掘文化遗产内涵、完善遗产保护管控体系、加强核心遗产保护传承、促进关联遗产保护传承、强化非物质文化遗产保护传承、增强价值传承弘扬能力、提升遗产综合治理水平
浙江省	运河文化遗存保护工程、运河名城名镇提升工程、运河非遗保护传承工程、运河生态环境保护工程、运河水利能力提升工程、运河文旅融合发展工程、运河绿色航运提升工程、运河国际文化交流工程

另一方面，行政区划分隔易导致地区资源流动的极化倾向，即经济发达地区往往获得更多的技术支持、财政支持和人才支持，而经济洼地则难以获得同等待

遇，地区之间因资源的长期非均衡分配而发展水平各异。举例而言，大运河（鲁苏浙段）纵贯整个江苏地区，大运河文化带（江苏段）不论是在运河文化遗产资源、历史价值抑或是在运河航道的使用价值方面，都领先于南北鲁、浙两省。长期以来，江苏地区积极响应国家对大运河文化遗产保护的战略举措，在文化遗产的发掘、保护措施的革新、大运河文化带（江苏段）的学术研究与具体实践方面，都已经成为大运河文化带研究与建设的带头区域。最后，上述两个原因共同导致相邻政府在跨区域公共事务的共治中，其政策制定和治理观念难以实现有效衔接，大运河文化带（鲁苏浙段）的整体保护发展可持续性不足。

对于大运河文化带（鲁苏浙段）的区域社会发展而言。行政区划以及文化带核心区的双重边界导致大运河文化带（鲁苏浙段）特色历史城镇的各层次资源面临难以整合的困境。在产业经济层面，原有连为一体的密集市镇分属两地管辖，城、镇、村之间难以实现有效的产业融合和生产资料的流通；在生态层面，具有空间连续特性的农田与生态湿地等面临条块分割；在文化层面，具有共通文化底色的城市逐渐由文化资源的合作关系转向竞争关系，城市之间的协作模式被迫消亡，生态、经济、文化的可持续特性遭受巨大打击。除此之外，水资源是将不同区域群体连为整体的纽带[169]，以大运河为主轴的整体保护发展不仅涉及传统意义上城市间经济产业发展与公共事务的跨区域协同，更对水体治理、水利资源开发、水质保护等环境层面的区域间合作提出了更高要求。可以说，大运河文化带（鲁苏浙段）的整体保护发展是一个综合型的治理问题，既涉及横向关系上各地政府、各区域间政府治理关系的联通，也涉及纵向关系上下属各治理部门职能体系的建立以及对跨区域协调方式的探索，更涵盖了政治、经济、文化等多治理层面的一体化发展要求。

综上所述，推动现有以省级行政边界为标准划分文化遗产保护区域向整体保护发展迈进是大运河文化带（鲁苏浙段）建设的必然趋势[170]。近年来，"跨域治理与区域协同"往往被视为实现这一目标的最佳选择[171]，即"跨区域、跨部门、跨层级、跨领域使多主体共同参与和联合治理公共事务[172]"。"跨域治理与区域协同"在国家战略的发展建设中被广泛提及，跨域治理多被视为区域发展的诉求，而区域协同则被视为实现这一诉求的必然选择，这与大运河文化带（鲁苏浙段）的治理需求具有较高耦合度[173-175]。对现今中西方跨域协同治理的理论与实践进行系统性认知，是因地制宜构建大运河（鲁苏浙段）跨域协同治理机制的必要基础。

6.2 国内外跨域协同治理的发展与实践

6.2.1 跨域协同治理的相关研究

(1) 国外跨域治理的相关研究

1995 年，全球治理委员会将"治理"定义为"各种公共的或私人的个人和机构管理其共同事务的诸多方法的总和，是使相互冲突的或不同的利益调和，并且采取联合行动的持续过程"[176]。20 世纪早期，欧美各国已经出现了关于跨区域合作的相关研究，形成了较为全面的体系和研究视角。Clyde F. Snider 较早提出了"政府间关系"这一概念。此后，美国政府开始通过成立专门委员会对政府间关系的运转进行管控[177]。20 世纪 80 年代，地方政府间关系伴随全球经济一体化进程的发展变得更加复杂，以英国为首提出的"地方战略伙伴关系"计划推动了地方政府伙伴关系的建立[178]。20 世纪 90 年代，西方政府试图通过权力下放将财政压力转移，各地政府为应对这一举措纷纷引入企业化管理机制缓解相应压力。戴维·卡梅伦和张大川指出，泾渭分明的管辖关系已经逐渐过时，政府间合作的需求逐渐增强[179]。

对于政府间关系，Richard D. Bingham 指出，传统政府关系包含横向和纵向的网络化关系，横向关系主要指政府之间权力的划分体系，而纵向关系多为等级秩序的服从结构[179]。Nicholas Henry 指出，政府间关系就是拥有不同管理自治权和不同层级的政府部门之间建立的法律、政治关系[180]。在传统政府关系向协同治理网络的转型中，Myrna P. Mandell 提出，可以通过建立横向和纵向网络组织模式，让政府内部联系更加紧密，这有助于政府决策的制定和执行[181]。Pollitt 也认同良好的政府治理模式需要建立横向与纵向相协调的关系，从而实现利益协调[182]。

对于这一模式的建立，Helen Sullivan 和 Chris Skelcher 通过研究英国政府间关系指出，可以利用契约、伙伴关系和网络关系三种合作机制来解决跨区域合作问题[183]。菲利普库帕指出，政府间合作是最为优良且高效的横向关系建立模式。Stephen Goldsmith 和 William D. Eggers 的研究代表性地将"第三方政府"引入到政府协同治理的网络化管理中，从而在政府协作过程中使公民获得更多自

133

主权和参与权[184]。可以窥见，政府间关系的建立成为跨域治理的主要议题之一。西方学者多在"横向"与"纵向"两个体系中对这一问题进行探讨，成为构建跨域治理机制的两个主要维度。

（2）国外协同治理的相关研究

"二战"结束后，西方国家城市化速度与城市规模都达到了空前的水平。20世纪50年代后，城市的跨区域性功能显著增强，以大城市为中心的城市群形态初显。1957年，法国地理学家戈特曼等学者发表的《大城市连绵区：美国东北海岸的城市化》正式提出了"大都市连绵带"（Megalopolis）概念，指出其实质是由各等级城市形成的相互串联、高度集中的经济中心地带，城市的发展会带动周边区域，进而形成几个由规模相近、地域相邻的城市共同组成的、呈组团式或块状分布的都市群，多个都市群又会形成一个"大都市连绵带"[186]。这一概念带动了城市研究由单体城市向城市共同体的转变。20世纪80年代，经济全球化推动了国家之间区域经济一体化关系的显著增强，消除经济体之间壁垒、以区域竞争力为主要参考的新型经济行为分工推动了北美自由贸易区、欧盟等区域联合体的形成。然而对于跨域地区政府之间机制、文化、信任等问题对跨域合作的影响，协同治理成为解决这一问题的主要路径，长期以来，是协调国家、市场、社会等各主体之间及其内部组成要素之间互动的主要手段。

对于协同治理的模式探寻，理论界以"传统区域主义理论、多中心治理理论和新区域主义理论"为主要回应[187]。传统区域主义理论于19世纪末至20世纪60年代出现，秉持"一个区域、一个政府"的治理理念，主张设立具有正式权威的区域政府作为治理主体与责任者，通过建立一体化市场、治理及政策等行政手段实现资源再分配，统筹跨域协同发展，具体治理方法可以分为"市县合并、兼并和联盟制"[188]。然而，传统区域主义理论在治理中大多忽视了市场的作用，逐渐显现出公共资源分配不合理、官僚机构膨胀、行政成本提高等问题[189]。20世纪60年代，针对传统区域主义理论的弊端，多中心治理理论应运而生。多中心治理理论强调市场、分权与自治，多运用市场机制进行资源配置，通过让市民选择公共服务的提供者发挥地方政府的自主性，形成市场化自由竞争。多中心治理的治理主体包含政府与非政府两类，以区域政府自治为主要治理模式，以各主体间利益为主要推动力。各政府间多通过竞争与谈判达成一致的行动策略，通过建立网络型联系提高服务效率与服务质量。20世纪80年代，多中心治理的分散治理特征导致了政府角色模糊、市场信息不充分、地区发展不平衡等问题[190]，新区域主义理论应运而生。新区域主义理论兼顾行政协作与市场竞争、分权与集权，更强调区域内地方政府间协作和政策网络化发展，是一种通过多元协商、政府和社会互动等方式实现可持续发展目标的多方合作治理。

新区域主义理论有三个较为突出的特点：① 注重区域认同与共识的建立。新区域主义认为，区域整体归属感与高度信任的建立，使集体行动的困境不必依赖高层级权力结构的介入或正式制度的制定来摆脱，有助于降低交易成本[191]。② 以多元治理为主要决策方式。在多元治理主体之下，不同层次的组织之间是横向的平等与协商关系，而非垂直的命令与服从关系。各主体之间以组织网络的形式建立协商，鼓励各类非政府群体广泛参与决策，注重以区域整体为单位进行合作。③ 以多层次可持续发展为主要目标。新区域主义理论更强调社会、文化、生态、经济等多重价值目标的均衡发展，形成了更为综合的区域发展观念。在新区域主义理论的带动下，亚太经济合作组织、欧洲一体化新发展等都成为具有代表性的实践。

表 6.4　协同治理理论变迁及对比

（来源：作者自绘）

对比因素	传统区域主义理论	多中心治理理论	新区域主义理论
治理主体	地方政府	市场与地方政府	市场、地方政府、非政府组织等
产生背景	世界大战及冷战格局	自由主义思潮	经济全球化
治理路径	集权统治	分权治理	集权与分权结合

总体而言，协同治理在跨域治理的基础上，提出了国家、市场、社会三者资源配置的方法，为政府跨域治理提供了可供参考的路径。20 世纪 90 年代，长三角城市群、珠三角城市群、京津冀城市群作为我国经济发展的重心与带头区域，率先展开了城市群跨域规划工作。2010 年后，伴随多个国家战略的提出，我国也广泛开展了关于跨域协同治理的研究与实践。

（3）国内跨域协同治理的相关研究

21 世纪初期，李长晏、李文星、林水波等学者对跨域协同治理的概念进行界定，总结而言，即"当两个或两个以上的地方政府，因公共事务、功能或疆界相接及重叠，导致地区权责不明、无人管理与跨部门的问题发生时，即由公部门、私部门以及非营利组织的组合通过协力治理、社区参与、公私合伙或契约协定等联络方式，组织单位中的跨部门、地理上的跨行政区划，以跳脱传统公私部门分野的伙伴关系，实现横跨各政策领域的专业合作，是一种跨越领域协力互助的治理模式"[192-194]。

中国学者多以国外跨区域协同治理的成功实践经验为基础，对中国"京津冀、长江三角洲、粤港澳大湾区"等治理模式的演进提出相关的意见与建议。杨逢珉、孙定东借鉴欧盟一体化的治理经验，指出长三角一体化可以构建以产业为特征的地区政策框架下的法律体系、建立一个区域合作的协调和促进机构实现一体化发展[195]。何磊指出，京津冀跨区域治理在不同阶段应分别采取中央政府主导、平行区域协调和多元驱动网络的模式，在已有经验的基础之上构建区域市长联席会议机制、区域一体规划机制等[196]。王欣基于国外大都市区域的治理经验，从治理模式选择、治理结构搭建、治理机制设计及社会参与引导四个维度探索构建京津冀协同发展的综合治理体系[197]。杨爱平、林振群通过对世界三大湾区的跨域治理机构进行对比指出，其一，粤港澳大湾区可以借鉴东京湾区经验，建立健全官方型或半官方型跨域治理机构；其二，可以吸收旧金山湾区和纽约湾区的经验，创设协会型跨域治理机构；其三，可以对商界驱动的商会型跨域治理机构进行探索，从而形成以政府为核心、多元主体参与的大湾区跨域协作治理体系[198]。叶林等也通过对世界三大湾区的对比研究，提出粤港澳大湾区在空间格局、区域规划、组织体制三方面治理机制的完善路径。西方的跨域治理为中国未来的区域一体化发展指明了方向，以西方治理经验指导中国跨区域协同治理实践成为主要趋势[199]。

总体而言，国内外对于跨域治理的研究有两大特征。其一，对横纵治理体系的设计游移于"政府主导组织架构"与"多元主体扁平化网络体系"之间。其二，多探讨了行政手段与市场竞争之间的平衡。总体而言，其为中国视角下跨域治理机制的指标选取提供了相应参考，即在"横向"与"纵向"维度下，关注治理体系的主导者和资源配置的具体方法。以此为基础，因地制宜借鉴与吸收现有成功实践经验，直观探究中西方跨域协同治理模式之间的异同，是合理构建大运河文化带（鲁苏浙段）跨区域协同治理机制的重要基础。

6.2.2　跨域协同治理的典型案例

综合上述研究视角以及现今国内外跨域治理的相关成功实践，本书基于大运河文化带（鲁苏浙段）跨区域协同治理机制构建的目标，发现"区域定位、主管机构、主导力量、治理目标、纵向治理模式、横向治理模式"是系统总结各治理实践经验的重要指标（见表 6.5）。

表 6.5　中外典型跨区域协同治理实践的模式总结

（来源：作者自绘）

区域	区域定位	主管机构	主导力量	治理目标	纵向模式	横向模式
国外跨区域协同治理实践						
美国华盛顿大都市区	政治中心	大都市政府委员会	半官方型非营利组织	公共产品供给、城市规划、环境治理	政权下放的地方自治	多中心结构
加拿大多伦多大都市区	政治中心、经济中心	多伦多协调委员会等	市和区域两级政府	重新分配政府间职责、增加财政、环境保护	两级政府分工治理	中心城市规划
美国纽约湾区	经济中心	纽约新泽西港务局、纽约大都市交通委员会等	非政府组织	基础设施建设、交通建设	政权下放的地方自治	多中心结构
美国旧金山湾区	科技中心	政府联合区域性机构与跨界协调机构	政府与非政府	住房、环境保护、交通规划	政府与非政府组织共治	多中心结构
日本东京湾区	政治中心	委员会	中央政府	废物处理、环境保护、产业发展	政权集中的统一管理	中心城市规划
国内跨区域协同治理实践						
京津冀地区	政治中心	中央设立战略发展领导小组	中央政府	单一经济联系到公共事务的拓展	政权集中的统一管理	中心城市规划
长江三角洲地区	经济中心	中央设立战略发展领导小组	中央政府	单一经济联系到公共事务的拓展	政权集中的统一管理	中心城市规划
珠江三角洲地区	经济中心	国务院有关部门和国家发改委、国务院港澳办	地方政府	经济发展、基础设施、公共事业建设	政权集中的统一管理	多中心结构

（续表）

区域	区域定位	主管机构	主导力量	治理目标	纵向模式	横向模式
粤港澳大湾区	经济中心	中央设立战略发展领导小组	中央政府	单一经济联系到公共事务的拓展	政权集中的统一管理	多中心结构

对于国外的典型治理经验而言，美国华盛顿大都市区、旧金山湾区治理都是多组织协同下的区域合作网络式治理，纽约湾区形成了以非政府组织为主导的区域规划，东京湾区的治理是以中央政府为主导的首都整备[199]。对于国内的典型治理经验而言，中国地区的京津冀、长江三角洲、粤港澳大湾区均形成了以中央政府为主导、以经济建设为主要发展目标的单中心或多中心治理模式。珠江三角洲地区则通过中央政权逐级下放，形成以地方政府为主导的经济发展、基础设施、公共事业一体化建设目标。对比发现，西方多以非政府力量为主要治理推动力，以城市规划、医疗卫生、社会教育等社会公共事务的管理为主要治理目标。而我国和日本的跨域协同治理多以中央或地方政府为主导力量，更多将治理的目标设定为经济的一体化发展。中西方跨域治理在主导力量和治理目标方面具有明显差异，同时，各国家内部的不同地区之间也形成了"总体相似、部分差异"的、因地制宜的跨域协同治理实践。

6.2.3 中西方跨域协同治理根植土壤的异同性

国内的跨域协同治理实践不能简单将西方现有的理论为自身所用，忽视中西方社会本质差异的治理将造成诸多不适性[200]。究其原因，宋迎昌等学者指出，美国公共行政组织与管制模式受地方自治和民主观念的极大影响，形成了管理模式各异、组织形式各异的管治方式。同时，西方政府大多实施自治，在立法和财政支配方面具有较大自主权，长期以来形成了"多中心"的治理模式，而中国则要通过中央赋权的方式推动地方政府跨域治理，二者的政治环境具有根本性差异[170,201]。但实际上，粤港澳大湾区和珠江三角洲地区在发展过程中已经逐渐形成了多中心的横向治理结构。同时，珠三角已然建立起中央政府权力下放的纵向治理体系。京津冀、长三角、珠三角的治理目标也均由单一的经济发展朝综合性的公共事务治理转型。

理论研究与相关实践表明，在中国的政治体制下，公众参与和区域自治虽必将建立于政府主导的整体框架下，以自上而下的治理为主要治理模式，但自下而上的自发成员力量或市场作用可作为调节手段，"自上而下—自上而下与自下而上相结合""国家管控—国家管控与市场调节相结合"的演进已成为跨域治理的主要发展方向。基于中国的政治背景，应充分发挥政府在跨区域协同治理中协调资源的重要作用[202]，实现地方政府对产业布局规划和财政分配管控优势的最大化。在此基础上，在政府的总领下，将企业、公众和非营利组织视为一体化发展的带动力量，逐步构建"大主体、小中心"的治理模式，实现"优势增强，劣势转优"的发展转型。同时，西方跨区域协同治理联盟往往在组建之初，便对公共事务治理中各职能部门的具体职责进行系统划分。这是一种基于问题解决和公共事务利益导向的主动型治理模式，为国内跨域治理机制的构建提出了可供参考的具体路径。

总而言之，在中国的社会背景与政治背景下，建立以政府为主导带动多主体参与、以主动型治理推动地区经济与社会一体化发展的跨域协同治理，是大运河文化带（鲁苏浙段）整体性保护发展的主要方向。

6.3 大运河文化带（鲁苏浙段）特色历史城镇传统跨域协同治理机制的再审视

在古代中国，大运河（鲁苏浙段）已经形成了较为成熟的跨域协同治理机制。"跨域"不仅包含相邻城市行政区之间的横向跨域，还包含"城—镇—村"之间的纵向跨域。"协同"一词意指大运河（鲁苏浙段）相关管理机构在各地政府之间、上级与下级政府之间以及在政治、经济、生态治理中通过职能与权责协调实现的共同治理，是区域一体化发展得以实现的重要原因，也是世界范围内少有的以运河为中心的跨域协同治理经验。

基于对中西方跨域协同治理发展和实践的认知，以及对中西方理论差异的进一步分析，本书对大运河文化带（鲁苏浙段）传统治理模式中的"社会、经济、生态、文化"四大层次进行再度审视，对于明确大运河文化带（鲁苏浙段）各层次整体保护发展的具体需求、探究历史中以大运河（鲁苏浙段）为治理主体的治理机制对当下的启示，具有一定意义。总体而言，大运河文化带（鲁苏浙段）在不同模式下形成的跨域协同治理机制各不相同。横向与纵向治理游移于中央政府一元管控和放权地方之间，亦形成了完全由政府分配资源和市场及非营利组织共同参与资源配置的差异。基于此，不同类型的跨域治理机制之间也形成了相异的管理特征、城市间合作强度、治理目标等。

（1）管理模式—跨区域协同治理的基础与大前提（见表6.6）

表6.6 大运河文化带（鲁苏浙段）跨区域管理模式对比

（来源：作者自绘）

区域	管理模式类型	主导者	治理目标	管理特征	城市合作强度
鲁南—苏北板块	科层式管理	上级政府	漕运水体治理等公共事务	整合	较强
苏中板块	混合式管理	上级政府及商界	经济发展	网络	非常强
浙东板块	自发式管理	地方政府与民间非营利组织	地方水体治理等公共事务	分散	较弱

（2）产业模式—跨区域协同治理的主要目标（见表6.7）

表6.7 大运河文化带（鲁苏浙段）跨区域产业模式对比

（来源：作者自绘）

区域	产业发展类型	主导者	发展特征	区域合作强度
鲁南—苏北板块	粗放式发展	地方民众	分散	较弱
苏中板块	协作式发展	上级政府或地方民众	整合	非常强
苏南—浙北板块	协作式发展	地方商界	网络	非常强
浙东板块	混合式发展	上级政府或地方民众	分散	一般

（3）生态治理—跨区域协同的总领目标（见表6.8）

表6.8 大运河文化带（鲁苏浙段）跨区域生态治理模式对比

（来源：作者自绘）

区域	生态治理类型	主导者	治理目标	改善程度
鲁南—苏北—苏中板块	被动型治理	上级政府和地方民众	风险控制	非常强
苏南—浙北板块	主动型治理	上级政府或地方民众	生态集约	较强
浙东板块	主动型治理	地方政府或地方民众	地尽其用	较强

（4）文化合作—跨区域协同的顶层目标（见表6.9）

表6.9 大运河文化带（鲁苏浙段）跨区域文化合作模式对比

（来源：作者自绘）

区域	文化类型的产生	主导者	发展特征	区域合作强度
鲁南—苏北板块	政治推动	上级政府和地方民众	分散	较弱
苏中板块	产业推动	上级政府或地方民众	整合	非常强
苏南—浙北板块	产业推动	商界	网络	较强
浙东板块	自主发展	地方政府和地方民众	分散	较弱

本书基于对大运河文化带（鲁苏浙段）各层次文化网络跨区域协同治理类型的对比，形成"文化—社会—生态—经济"一体化视角，对总体跨域协同治理机制进行中观对比研究（见表6.10）。

表6.10 大运河文化带（鲁苏浙段）总体跨区域治理机制中观对比

（来源：作者自绘）

区域	治理模式	主导力量	横向治理	纵向治理	区域发展水平	区域发展对政府的依赖度
鲁南—苏北板块	被动型治理	上级政府	中心城市规划	政权下放的分层管理	较低	较高
苏中板块	被动型治理	上级政府和商界	多中心结构	政权集中的统一管理	较高	极强
苏南—浙北板块	主动型治理	商界	多中心结构	政府与非政府组织共治	极高	较低
浙东板块	主动型治理	地区政府和地方民众	自由发展	政权下放的地方自治	一般	一般

在大运河文化带（鲁苏浙段）特色历史城镇四个主要治理机制的横向对比中，本研究发现"鲁南—苏北板块、苏中板块、苏南—浙北板块、浙东板块"四大跨区域协同治理机制虽建立于大运河区域社会的同一背景下，但分别形成了"被动—主动""政府主导—地方自治""政治推动—市场主导"的渐进式更迭。这一现象即说明大运河区域社会在历史之中因各地条件差异与治理目标不同，已经形成了多种模式共治的整体特征，呈现出在同一体系下适地发展的整体特性。对此，宋迎昌也指出，我国因幅员辽阔、经济发展水平各不相同，应根据因地制宜的原则在不同地区实施不同的管治模式[203]。同时，M. Olson 在《集体行动的

逻辑》一书中指出，比起大集团而言，小集团能更好地增进共同利益[207]。对大集团或大组织的必要分层，可以解决大集团或大组织的行动困境[208]。对于小集团与大运河文化带的衔接而言，王兴平、吴启焰认为其在区域空间序列上存在这样的演化发展过程：一般城市—都市区—城市密集区—城市群—大都市区—都市连绵区[206-207]。因此，小城市集团作为初期发展对象，当其发展到一定阶段时，会演变为带状的特色历史城镇连绵区。大运河小型特色历史城镇群的建立或为大运河文化带（鲁苏浙段）这一涉及范围极广的带状战略区域提供了发展的主要切入点。

对不同跨域治理模式的典型优势和典型问题进行总结。"苏北—鲁南"机制完全建立于政府主导的一元发展模式之上，由下至上力量参与的缺乏导致这一地区形成了低发展水平而高纵向依赖度的特点，与现今中国亟须转型的内在因素具有相同特性。"苏中"机制中，地方的政治经济发展与生态治理水平对中央政府的治理政策有着极高依赖度，这也预示着一旦政府跨域治理的角色撤出，区域发展会面临根本性打击。"苏南—浙北"机制即通过商界力量推动社会发展，政府在其中的主要作用是对生态环境和民生福祉的关注，市场发展的自由度较高且各主体参与度较强。在此模式下的跨区域治理主要基于区域间产业集群的带动作用，即自发形成实力较强的商界力量而掌握区域发展的主导权力。在"浙东"机制中，中央政府放权于地方政府治理，上级政府不过多干预的同时也并未对其发展有过多的推动作用，区域主要依赖民众和地方官员自治。这一发展模式虽具有较高的自由度和自发性，但缺少政府角色的指引，其发展水平难以实现跨越式的提高。

综上所述，中央政府和市场力量是历史中大运河文化带（鲁苏浙段）特色历史城镇兴起的两个重要因素，两方共同决定了地区的发展方向和发展水平，这也与前章的论证结果相符。由"自上而下—自下而上""国家管控—市场调节"切入进行跨区域协同治理，在同一治理中心下，具有历史与现实实践的双重可循性。同时，在政府主导的跨域治理体系下，也应注意避免以单一经济发展，形成对某一产业的过高依赖。以大运河（鲁苏浙段）为联通各地方政府的平台与纽带，构建多样化产业综合发展的模式，是区域社会可持续发展的重要基础。

6.4 大运河文化带（鲁苏浙段）特色历史城镇跨域协同治理机制构建

本书基于前文研究，构建以大运河（鲁苏浙段）为治理主体、以中国社会政治体制为大背景、以西方典型跨域治理经验为借鉴，从被动或主动型治理走向全面主动型治理，以"政府—市场"为先行，带动"产业—社会—文化—生态—空间"一体化发展的大运河文化带（鲁苏浙段）跨区域协同治理机制（见图6.1）。

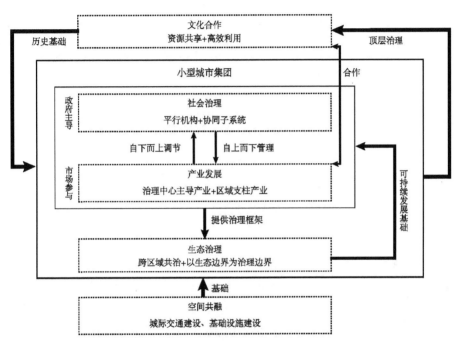

图6.1 大运河文化带（鲁苏浙段）跨区域协同治理模式构建

（来源：作者自绘）

大运河（鲁苏浙段）跨区域协同治理机制构建是推动跨域协同治理实现的整体框架。在政府治理层面，将以探索中国视角下如何实现横向跨域治理、建立纵向子系统协同分工的整体治理模式为主要目标，最大化发挥主导力量在政策制定、利益协调等方面的管控与资源调配能力，通盘协调跨行政区管理的总体规划问题。在市场调控层面，综合运用市场手段带动原有分权治理中的邻域竞争转向合作共赢，通过推动生产资料的流通和基础设施的空间协调实现经济资源整合，促进区域统一市场的聚集和扩大化发展[208]。同时，应注重产业发展的综合性特征。在推动大运河相关产业发展的过程中，也应注重特色历史城镇之间产业集群的硬实力，提高相关产业的核心技术水平，形成基于城市发展优势的支柱产业集群，降低治理中心对产业发展的决定性影响，实现区域产业集群的循环可持续发展。对于文化事业和生态治理而言，二者在大运河文化带（鲁苏浙段）跨域协同治理机制中将成为衡量整体治理水平的重要指标，实现由副位到主位、由被动到主动的地位转变。一方面，生态治理是大运河文化带（鲁苏浙段）地区跨域治理可持续实现的重要一环。大运河区域社会民众的生活质量与运河水质、水量、岸线景观有着密切联系，生态治理在整体发展中既是基础，也起到提纲挈领的作用。另一方面，"文化引领"是大运河文化带的大前提，更是跨区域治理一体化体系中的顶层治理目标。其一，文化共治是带动地区间政府合作的能动因素。大运河文化带（鲁苏浙段）以运河文化贯穿了沿岸的多元文化高地，共通的文化是各地区地缘连结形成的基础，文化认同对相邻政府之间合作关系的建立起到重要推动作用。其二，文化产业的资源共享也是降低地区之间经济发展水平差异的有力手段之一。在初期，建立"文化＋产业"的利益协同机制，以实体性和可量化的文化发展推动区域政府文化利益共同体的建立，是实现各地文化资源共享及高效利用的重要手段之一。在文化产业自上而下发展以及文化影响力逐步扩大的过程中，将社区、高校、公益组织等群体纳入文化的自生性传播系统，可最大限度实现同文化背景下跨区域文化一体性建立的目标。对于城市间空间融合而言，城市间基础设施体系的完善以及城际交通的联结是小城市集团建立的根基，政治、产业、经济、文化的连绵与协同发展均建立于城市空间的可达性与便利性之上。"一小时经济圈""一小时通勤圈""一小时交通圈"的建设往往成为现有城市群及都市圈协同发展率先突破的重点领域，是推动区域一体化由蓝图变为现实的重要一环。

基于大运河（鲁苏浙段）跨域协同治理机制的构建，初期可以在公共事务利益、经济利益、政绩考核利益等层面推动大运河文化带（鲁苏浙段）特色历史城镇各地、各级政府的积极参与，强化各政府间跨域协同治理的理念共识，逐步实现"生态治理、社会发展、产业合作、文化共治、空间共融"的整体治理目标，以此推动大运河文化带（鲁苏浙段）特色历史城镇的整体保护发展。

第 7 章

大运河（鲁苏浙段）
特色历史城镇整体保护与发展研究

大运河文化带（鲁苏浙段）跨区域协同治理机制的构建是带动特色历史城镇"社会、经济、文化、生态、空间"整体保护发展的重要基础。本书以此为抓手，针对当下活态运河特色历史城镇在"生态、社会、经济、文化、空间"等层面存在的突出问题与发展现状，以文化引领统筹区域社会经济发展为主要目标，构建自上而下与自下而上相结合、完整且有机统一的"生态治理、社会发展、产业合作、文化共治、空间共融"五维一体发展战略，作为大运河文化带（鲁苏浙段）区域一体化发展协调共进、共治共建的路径。

7.1 大运河文化带（鲁苏浙段）特色历史城镇的社会关系问题及发展战略

7.1.1 大运河文化带（鲁苏浙段）特色历史城镇的社会关系与治理问题

（1）社会关系——南北地区发展水平差异鲜明，省级行政边界的跨域联通尚未形成

基于 ArcGIS 10.8.2 对大运河（鲁苏浙段）相关城市的夜间灯光数据进行分析，发现，大运河（鲁苏浙段）特色历史城镇的发展态势具有明显的南北分异特性。扬州、泰州、淮安、盐城、宿迁、连云港、徐州、枣庄、济宁等的核心城市特色较为突出，以中心城区为核心辐射各县市的"中心—外围"结构明显，城市内部的关联性不强，副中心城市的等级亟待提升。同时，各城市之间各自为政，与周边地区联结较弱，城市之间存在连绵关系不足的主要问题。相比之下，南京、镇江、常州、无锡、苏州、南通、湖州、嘉兴、杭州、绍兴、宁波等城市已经形成了多核心的网络化发展结构，虽然湖州市发育较为滞后，但总体而言，多中心的雏形已经显现，城市之间的连绵关系在逐渐建立。与此同时，各城市中心城区所在位置以及网络化结构的发育中心多与大运河（鲁苏浙段）有密切关联，为大运河文化带（鲁苏浙段）特色历史城镇群的建立奠定了良好基础与发展空间。

本书基于 ArcGIS 10.8.2 的"XY 转线"（XY to Line）工具对大运河（鲁苏浙段）相关城市在 2023 年 3 月 1 日至 15 日的城际之间人口流动强度进行量化分析，按照自然断点法将人口流动比例划分为五个层级，发现大运河文化带（鲁苏

147

浙段）人口流动网络呈现明显的等级分化和邻近性特征。宁、镇、苏、锡、常等主要节点城市形成了"之"字形网络结构，城市间人口流动强度较大，区域间连为一带。同时，任、枣两地之间的人口流动也较强，而杭州则对湖州、嘉兴、绍兴等地形成了强势的中心式人口流动导向，三个片区构建了大运河文化带（鲁苏浙段）的核心网络。除此之外，宁、淮、宿、徐与宁、扬、泰、盐和杭、绍、甬之间形成了次一级的人口流动强度，在上述城市基础上进一步扩展了核心网络的影响范围。对于整体地区而言，连云港处于人口流动网络的边缘地带。

整体来看，大运河文化带（鲁苏浙段）各城市间的人口流动网络系统鲜明，呈现多核心的分布特征。但也可发现，鲁、苏、浙三省之间的人口流动仍然受到行政边界的影响，未打破传统的省级行政格局。

基于现状基础反观现有的城市群及城市圈（见表 7.1），上海、深圳、南京等中心城市作为区域的经济和文化中心，是大运河文化带（鲁苏浙段）城市发展重心向运河主轴东西两方向的偏移，逐渐显现出背离运河发展的整体趋势。但与此同时，现江浙一带也初步建立起"苏锡常都市圈、杭州都市圈、宁波都市圈"三大都市圈，及"鲁南一体化发展""甬绍一体化合作先行区建设""连淮扬镇一体化""苏锡常一体化""嘉湖一体化"等城市间发展战略，将大运河文化带（鲁苏浙段）的十余个城市涵盖其中。对于大运河（鲁苏浙段）沿线区域社会实现以运河为治理中心的转型目标而言，都市圈的建立会进一步促进区域之间发展的不平衡态势，会造成城市之间关联的极化现象进一步突出。对于大运河文化带（鲁苏浙段）而言，这既是更为严峻的挑战，也是更有利的机遇。

表 7.1 中国现有世界级、国家级城市圈

（来源：作者自绘）

等级	城市群/城市圈	中心城市	辐射城市
世界级城市群	京津冀城市群	北京	天津、石家庄、唐山
	长三角城市群	上海	宁波、杭州、南京、合肥、苏州、无锡
	珠三角城市群	深圳	广州、佛山、东莞、中山、珠海、江门、肇庆、惠州
国家级都市圈	南京都市圈	南京	镇江、扬州、淮安、马鞍山、滁州、芜湖、宣城、溧阳、金坛、常州

（2）河道治理问题——河道间政府跨域协作模式尚未建立，纵向治理体系交叠不明

在管理层面而言，现今大运河（鲁苏浙段）仍延续着明显的条块分割式管理办法（见表7.2）。在横向治理层面，各市的港航局和水利局负责河道各项事务的治理工作。中运河、里运河和不牢河河段虽设有专门的运河管理机构，但各机构的职权尚隶属于省级或市级政府之下，在实际治理过程中可以发挥的治理作用极为受限。同时，各市河道管理机构以省市为分界标准对各河段进行治理，不但将城、镇、村的界限割裂，使治水理水等事务配合也难以实现统一规划，依据流域进行整体性和综合性管理则更加难以实现。在纵向治理层面，各河段水利部门下属机构存在环境和水质管理职能重叠、治水职权不明问题，极易导致各部门之间因信息受阻、交流受限而产生中心主义现象，进一步因管理观念差异引起非必要冲突。

表 7.2　大运河（鲁苏浙段）运河水利管理机构统计

[来源：作者自绘，资料源于《中国大运河发展报告（2018）》]

运河河段	水利管理机构
会通河	济宁市港航局、枣庄市航运管理局、淮委沂沭泗水利管理局直属济宁市南四湖水利管理局
中运河	淮委沂沭泗水利管理局直属骆马湖水利管理局、宿迁市宿城区中运河管理所、宿豫区中运河管理所、泗阳县中运河管理所、淮安市中里运河管理处
里运河	宝应县京杭运河管理处、高邮市京杭运河管理处，扬州市里运河工程管理处（扬州市水利局直属），扬州市江都区运河管理处、广陵区运河管理处、邗江区运河管理处（属区水利局）
不牢河	徐州京杭运河不牢河段管理处（徐州市水利局代管）
江南运河	常州市水利局、常州市港航管理局、无锡市水利局、无锡市港航管理局、苏州市水利局、苏州市港航管理局、嘉兴市水利局、嘉兴市港航管理局、杭州市林业水利局、杭州市港航管理局
浙东运河	绍兴市水利局、绍兴市港航管理局、宁波市水利局、宁波市港航管理局

7.1.2　大运河文化带（鲁苏浙段）特色历史城镇社会发展战略

（1）基于国家层面提出的大运河（鲁苏浙段）文化带小城市集团联动发展战略

基于沿活态运河城市的发展现状，本书率先提出以特色历史城镇小集团为领头羊的小区域联动发展战略，将经济实力相近、地域临近、社会发展关系密切的

特色历史城镇组织起来，形成以多个城市小集团串联活态运河区域的发展模式，成为文化带建设的先行区与示范区。同时，充分发挥活态运河对城市圈发展的联通作用。待小型城市集团发展模式建立、成熟之时，进一步增加参与城市的数量，实现由小圈逐渐扩大进而形成整体区域协作的渐进式协同发展。

对先行小城市集团范围的划定，可以现有的城市集群为发展基础。现今，从各个城市之间的发展态势和人口流动强度出发，将具有良好发展基础、易于和周边城市联动、城市之间具有较强人口流动的城市分为三个梯队。第一梯队为"苏、锡、常"，第二梯队为"宁、扬""扬、泰""甬、绍"，第三梯队为"任、枣、徐""淮、宿、连"。充分利用现有城市之间的发展与联动关系，可以为城市的初期发展奠定良好基础。

但实际上，小城市群的划定不能仅依靠单一数据，还应综合参考经济、交通等城市间交流情况，再最终进行统一考量。

(2) 基于国家层面建立的平行于省级行政单位的跨区域协同治理机构

在初期小城市集团建立的基础之上，为实现省级与地方政府超越现有政治体制所限的跨区域协同治理，应以中央为主导建立平行或高于现有省级行政单位的跨区域协同治理机构，为实现大运河文化带（鲁苏浙段）跨区域公共事务管理与地方政治分权治理的平等对话创造有利条件。对此，可以组建"大运河文化带（鲁苏浙段）协同治理促进委员会"负责全区域一体化发展的战略和总体政策，协调生态环境治理、产业集群发展策略、文化产业合作发展等主要问题。跨区域协同治理机构有权力对大运河（鲁苏浙段）的治理进行统筹规划，对三省政府进行层级管理，汇集三省政府进行集中商议。以跨区域治理机构为监管者，通过制定利益分配制度、合作协议和建立资源共享平台，对流域产业布局、水资源配置、基础设施等进行统一规划，推动省级地区积极参与流域协同治理，构建基于资源、环境与经济社会协调发展的"大流域政府"。

(3) 在跨区域协同治理机构层面完善下级管理体系

以跨区域协同治理机构为主体，设"大运河文化带（鲁苏浙段）环境协同治理委员会、大运河文化带（鲁苏浙段）文化协同发展委员会"等分部，对各委员会中水利、环保、交通等相关机构的多个部门进行职权划分，避免因职能重叠产生的治理困境。同时，除在市域范围建立管理部门外，也可在镇域、村域设立同等级管理部门。此举不仅可以实现运河流域的无死角治理，也可加快带动沿运地区村、镇的行政职能提升，带动人才聚集，实现城、镇、村的一体化发展。

7.2 大运河文化带（鲁苏浙段）特色历史城镇经济发展问题及发展战略

7.2.1 大运河文化带（鲁苏浙段）特色历史城镇的经济发展问题

经济发展水平——南北之间、内陆与沿海之间经济发展失衡

大运河（鲁苏浙段）特色历史城镇虽总体呈现出经济发展的趋势，但在内部的横向发展水平上，仍存在着较为显著的经济发展失衡问题。以江苏为例，江苏省内通常划分为苏南区域、苏中区域和苏北区域三大经济板块。新中国成立初期，苏南地区成为全国经济重心之一，长江三角洲一体化进一步赋能江浙地区城市的经济发展，其城镇化水平以及经济发展程度都远超江苏省其他地区以及浙北、浙东和鲁南多地，形成了大运河文化带（鲁苏浙段）中部经济发展高地。浙江地区的杭、甬两地经济发展水平虽然较高，但也呈现较为明显的中心极化趋势。苏北与鲁南地区疲软发展态势尤为突出（见表 7.3）。

表 7.3 2018、2019 年大运河（鲁苏浙段）各市城镇化率

（来源：作者自绘，资料来源于山东、江苏、浙江省 2019、2020 年统计年鉴）

地区		2018 年			2019 年		
		总人口/万人	城镇人口/万人	城镇化率/%	总人口/万人	城镇人口/万人	城镇化率/%
山东省	济宁市	834.59	491.19	58.85	835.60	498.78	59.69
	枣庄市	392.73	231.25	58.88	393.30	232.83	59.20
江苏省	徐州市	880.20	573.00	65.10	882.56	588.84	66.70
	连云港市	452.00	283.00	62.60	451.10	286.90	63.60
	宿迁市	492.60	295.60	60.00	493.79	301.71	61.10
	淮安市	492.50	307.50	62.40	493.26	313.22	63.50
	盐城市	720.00	461.00	64.00	720.89	467.86	64.90
	扬州市	453.10	304.20	67.10	454.90	310.24	68.20
	泰州市	463.60	306.00	66.00	463.61	309.69	66.80

（续表）

地区		2018 年			2019 年		
		总人口/ 万人	城镇人口/ 万人	城镇化率/ %	总人口/ 万人	城镇人口/ 万人	城镇化率/ %
江苏省	南通市	731.00	490.50	67.10	731.80	498.36	68.10
	南京市	843.60	696.00	82.50	850.00	707.20	83.20
	苏州市	1072.20	815.40	76.10	1 074.99	827.74	77.00
	无锡市	657.50	501.50	76.30	659.15	508.20	77.10
	常州市	472.90	342.80	72.50	473.60	347.01	73.30
	镇江市	319.60	227.70	71.20	320.35	231.23	72.20
浙江省	杭州市	980.6	758.98	77.40	1 036.0	813.26	78.5
	湖州市	302.70	192.21	63.50	306.0	197.37	64.5
	嘉兴市	472.60	311.916	66.0	480.0	323.52	67.4
	绍兴市	503.5	335.33	66.6	505.7	345.89	68.4
	宁波市	820.2	597.92	72.90	854.2	628.69	73.6

本书进一步对 2020 年大运河文化带（鲁苏浙段）相关城市的三产占比进行统计（见图 7.1），发现任、徐、宿、淮、盐、宁、苏、杭、甬产业结构以"三二一"为主，而枣、连、扬、泰、常、绍的三产与二产占比大致相当，通、镇、湖、嘉四市的产业结构以"二三一"为主。其中，仅有任、连、宿、淮、盐的一产占比大于 10%。整体而言，大运河文化带（鲁苏浙段）城市化发展进程较快，相关城市多形成了向服务主导经济转变的大趋势。同时，除苏南与浙江地区的经济高地以外，鲁南与苏北地区的多个城市也具有经济发展的潜力与相关优势。但与此同时，地区之间经济发展不平衡的现象仍十分突出，苏北地区经济发展水平较高的任、徐两地与苏南地区相比仍有极大的差距。

城市之间经济发展失衡的现象在各市支柱产业发展现状中体现得也较为明显（见表 7.4）。现江苏省的大部分地区已开始大规模发展新兴产业，以新兴与传统产业相结合为主要发展方向。浙江省范围内，仅嘉、杭、湖、绍、宁等传统中心城市普遍发展新兴产业，而所辖市县则多以传统产业为支柱。鲁南地区，不论是中心城市还是所辖市县都停留在传统产业的集中发展阶段。由此看来，三省之间仍有较大差异。同时，在鲁、苏、浙三省的传统产业发展中，煤炭、纺织服装等

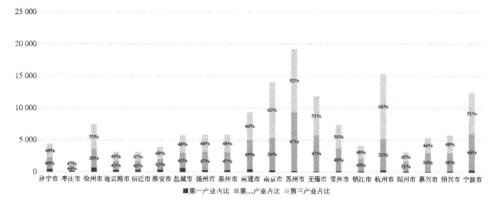

图 7.1　2020 年大运河（鲁苏浙段）各市产业一、二、三产占比

（来源：作者自绘，资料源于山东、江苏、浙江省 2021 年统计年鉴）

产业不仅是明清时期运河社会的重要产业，在现今仍具有代表性和广泛性，具有文化象征性和发展传统产业集群的优势。然而，现今各城市发展的各自为政使产业集群的最大化优势难以发挥，基于城市现有产业的产业集群化发展是未来发展的重要方向。

表 7.4　大运河（鲁苏浙段）特色历史城镇支柱产业发展现状

（来源：作者自绘）

省	市		传统产业	新兴产业
山东省	枣庄市	枣庄市	煤炭及煤化工、造纸、水泥	
		滕州市	机械机床加工、煤炭化工能源	
	济宁市	济宁市	农业、轻加工、煤炭	
		邹城市	精细化工、电力、机械制造、煤炭化工能源	旅游业
江苏省	无锡市	无锡市	纺织服装、精密机械及汽车配套工业、特色冶金及金属制品业、化工及生物医药	电子信息及高档家电业
		宜兴市	电线电缆	文化产业、高端装备、新能源、节能环保
		江阴市	冶金、纺织服装、化工、机械	
	苏州市	苏州市	装备制造、冶金、纺织服装、化工和轻工业	电子信息
		常熟市	装备制造、纺织服装	

省	市		传统产业	新兴产业
江苏省	淮安市	淮安市	盐化新材料、特钢及装备制造、食品	新能源汽车、生物技术、电子信息
	扬州市	扬州市	汽车及零部件、装备制造、纺织服装、海工装备和高技术船舶、食品	新型电力装备、软件和信息服务业、生物医药和新型医疗器械
		高邮市	机械装备、纺织服装、电线电缆	光储充、智慧照明、电子信息
		仪征市	汽车及零部件、装备制造	
	常州市	常州市	汽车及零部件、农机和工程机械	新光源、医药、碳材料、轨道交通、太阳能光伏、通用航空、智能数控和机器人
		溧阳市	汽车及零部件、装备制造、新材料	新能源、机械加工、环境保护
	南通市	南通市	船舶海工、高端纺织	电子信息、智能装备、新材料、新能源及新能源汽车产业
		如皋市		新型电力装备
	盐城市	盐城市		新能源汽车、智能机器人、智能装备
	连云港市	连云港		新医药、新材料、新能源产业
	宿迁市	宿迁市	酿酒食品、纺织服装、林木加工、机械电子	
	镇江市	镇江市	航空航天、船舶海洋工程装备、建材、轻工	节能环保
		丹阳市	眼镜制造、汽车及零部件、装备制造	
	南京市	南京市	石化、钢铁、汽车、电力	电子信息
	徐州市	徐州市	装备制造业、食品及农副产品加工、能源产业和商贸物流业	
		邳州市	石膏开采、板材加工、银杏生产、大蒜出口	
	泰州市	泰州市	医药、化工、船舶海工、机电、纺织服装、冶金、机械加工	
		兴化市	金属制品、食品、装备制造	

省	市		传统产业	新兴产业
浙江省	杭州市	杭州市	高端装备制造	文化产业、旅游休闲、金融服务、生命健康
	绍兴市	绍兴市	纺织服装	文化产业
	嘉兴市	嘉兴市	纺织服装、汽车制造	新能源、化工新材料、智能家居
		平湖市	汽车及零部件、装备制造	
		桐乡市	丝绸及服装、毛纺、建筑材料、食品加工、化纤	
		海宁市	时尚、皮革、纺织服装、经编	
	湖州市	湖州市	高端装备制造、纺织服装	旅游休闲、信息经济
	宁波市	宁波市	制造业、商贸物流业	现代服务业
		余姚市	电器机械、器材制造	
		慈溪市	家电	

7.2.2 大运河文化带（鲁苏浙段）特色历史城镇经济发展战略

（1）将文化产业发展作为大运河（鲁苏浙段）文化带经济发展的着力点

针对现今大运河文化带（鲁苏浙段）特色历史城镇经济发展的不平衡特性，为一并改变鲁南、苏北地区依赖不可再生能源与粗放发展的现状，可利用文化产业"越界—扩散—渗透—联动"的功能[209]，以文化产业发展作为连结运河与区域地区的新的经济增长点，实现产业结构调整与经济转型。2014 年，国务院《关于推进文化创意和设计服务与相关产业融合发展的若干意见》进一步提出，应尽快实现文化产业与传统产业及新兴产业的跨域深度融合，文化产业的经济属性得到充分认可[210]。当下，大运河文化背景的多元性与极高的整体价值构建了文化产业发展所需的文化资源基础。大运河文化产业的发展应以打响运河文化号召力为大前提，通过整合文化资源推出"漕运之路"的大运河文化品牌，在文化认同的基础上实现区域产业生态重构。

对于文化产业发展而言，本书通过 2021 年人均国内生产总值指数对各城市之间经济联系强度进行分析，发现镇江、常州、无锡成为区域整体经济联系网络中的三个主要经济重心。其中，常与泰、镇、锡、苏（此处为苏州简称，下同）四个城市都产生了较为密切的经济联系，镇与常、锡两市产生了较为密切的经济联系，锡与镇、常、苏之间产生了较为密切的经济联系，苏则与锡、常、嘉之间产生了较为密切的经济联系，泰与扬、常间产生了直接经济联系。与此同时，具有最强经济联系的两个城市为锡和常，仅有苏、嘉两地产生了跨省域发展的、较强的直接经济关联。

综合城市的人均 GDP 值可以发现，苏、锡、常、镇四市不论是自身的经济发展水平还是对外的经济带动能力都远高于其他地区。以苏、锡、常、镇四市为文化产业发展的核心带头区域，将宁、扬、嘉、泰四市作为主要辐射区，进一步渗透至盐、通、淮、杭、绍、甬地区，最终实现 20 市的文化联动，是整体文化产业发展的主要方向。

（2）实现运河文化产业与地区支柱产业协同发展

基于历史警示与经济可持续发展的要求，大运河文化带（鲁苏浙段）应向"传统支柱产业＋新兴支柱产业""支柱产业＋特色产业"的综合发展方向迈进。传统支柱产业作为地区的富民产业，具有强烈的地域性与文化性，是城市经济发展的底色与基础。在大运河（鲁苏浙段）跨区域管理机构的统筹之下，对区域的传统产业资源进行整合，破除行政区划对产业集群的分隔，可以带动县、镇、村一体化产业集群的建立，形成产业资源集中的跨区域经济中心。同时，为避免城镇再次走向专业化经济发展带来的高风险道路，可在不影响主导产业的前提下发展副产业。此举不但可以通过产业综合性对冲单一经济带来的风险，还能实现城、镇、村之间功能的优势互补，推动发达的中心城市和相对落后的周边地区构建融合、协调的良性发展关系。除此之外，可以通过深入挖掘沿运城市新兴支柱产业的现存优势，建立如新能源、新材料等在沿运地区具有发展优势的产业集群，在生产技术、产品特色、产品质量方面打响品牌影响力，以优势产品带动区域经济的发展，最终实现城、镇、村经济一体化融合。

7.3　大运河文化带（鲁苏浙段）特色历史城镇生态发展问题及发展战略

7.3.1　大运河文化带（鲁苏浙段）特色历史城镇的生态发展问题

中国现处于工业化中后期，大运河文化带（鲁苏浙段）沿岸稳定的生态系统正伴随城镇化进程的加快和经济的飞速发展而逐渐失衡，水体环境污染、农田可持续性降低、湿地景观缺失、土壤有机物污染等都是亟待解决的突出问题。

（1）水环境质量堪忧

大运河文化带（鲁苏浙段）水环境污染、生态用地被侵占正成为运河流域治理面临的普遍问题。以宿迁地区为例，2022年4月，中央第二生态环境保护督查组督察发现，宿迁泗阳地区运河水道沿岸尚存在工厂违规排放废水和工业固废的问题，在大运河两岸生态保护空间内违规占用非公益性建设用地的现象频发。同时，城区污水未经合格处理便排入运河水系，对运河水质、滨河景观环境都造成了严重影响，城镇水安全受到严重威胁。

（2）农田基质可持续性受损，城市水患风险提高

改革开放至今，城镇空间的无序扩张导致大运河文化带（鲁苏浙段）原本质量较高的农田普遍面临生态可持续性与自然景观风貌倒退的问题。以太湖为例，20世纪60—70年代，太湖圩区开始大规模兴建水利控制圩，将原有的动态生态系统转变为完全由人控制的生态系统，导致圩区水系流通能力急剧降低[211]。同时，公路的发展进一步将动态水网阻断，水道排洪能力大幅降低。在此过程中，太湖流域典型的塘浦、泾浜、圩荡等农田景观结构在城市及工业用地的不断叠加过程中逐渐消失，成为工业和聚居区的附庸[212]。

经统计，自1980年到2020年间，鲁、苏、浙三省的城镇用地面积较1980年提高了3~4倍，农村居民点用地面积的涨幅在19.63%~72.60%之间不等。除了山东省之外，江苏和浙江的水田与旱地面积都在持续萎缩（见表7.5）。1980年至2000年初，微山县人工养殖及人工围垦对南四湖的占用是农田比例上升的主要原因，南四湖水体萎缩以及自然湿地面积锐减成为湖田相争的牺牲品[213]。

表7.5　1980、2020年大运河（鲁苏浙段）研究区域农田用地面积变化统计

（来源：作者自绘，数据源于中科院资源环境科学与数据中心数据平台）

省份	用地类型	1980年用地面积/km²	2020年用地面积/km²	变化比率/%
山东省	水田	691.39	706.47	上涨2.18
	旱地	9 652.55	8 962.97	降低7.14
	城镇	207.53	852.69	上涨310.88
	农村居民点	1 507.08	1 802.95	上涨19.63
江苏省	水田	46 431.52	40 140.98	减少13.55
	旱地	26 182.31	22 375.29	减少14.54
	城镇	1 861.29	8 409.11	上涨351.79
	农村居民点	8 942.52	11 730.45	上涨31.18
浙江省	水田	15 023.68	11 772.54	减少21.64
	旱地	2 056.71	1 353.45	减少34.19
	城镇	453.16	2 116.75	上涨367.11
	农村居民点	1 330.52	2 296.57	上涨72.60

7.3.2　大运河文化带（鲁苏浙段）特色历史城镇的生态发展战略

作为网状水系，大运河的生态资源具有空间的连续性，与其相关的农田基质、湖泊、自然水系等在发展过程中也一同被纳入活态运河区域社会发展的生态系统之中。对大运河（鲁苏浙段）的生态资源进行整合，是大运河（鲁苏浙段）跨区域协同治理的基础，也是可持续发展的重要保障。

(1) 由"末端治理"走向"系统治理"——衔接环境保护与跨区域协同治理决策

在跨区域协同治理机构对经济建设和社会发展的整体决策中，实现环境保护在整体规划中的综合统筹协调、确保环境保护与各类规划的目标一致性与措施衔接性、建立城市间的管理衔接系统、打破分段式的资源分割现状，是环境治理合作的基本要求。"大运河文化带（鲁苏浙段）协同治理促进委员会"可以下设"大运河文化带（鲁苏浙段）环境协同治理委员会"，专门负责环境治理中各成员关系的协调、重大跨区域环境治理问题的研究、对各成员环境法律及政策执行情况的监督等。同时，应将环境治理纳入大运河（鲁苏浙段）区域社会综合治理的评价体系，以政府之间利益共同体的建立推动资源伙伴关系的达成。近期，可以

以推广兴化垛田、环太湖生态农田景观等为重点，优先构建环境保护片区与生态安全格局示范区域。以此为基础，可进一步实现产业协作关系建立的目标，以共有生态资源开拓旅游市场。

(2) 由"信息区隔"到"治理透明"——建立环境治理信息共享平台

在成员政府的治理信息共享层面，可以建立定期会议协商制度，每年至少举办一次环境治理联席会议，以推动信息系统共建。会议内容主要涵盖大运河各河段的河岸生态保护监察结果共享、水体治理理念共探、水环境问题共商等，在此基础上实现各省之间治理理念的对接，达成"大运河文化带（鲁苏浙段）跨区域河流共治公约"等成员间协议，公开透明地制定相关政府的责任和义务。对协议内规定但未能实现的，"大运河文化带（鲁苏浙段）协同治理促进委员会"对其进行追责。

在下级各管理部门的治理信息共享层面，基于互联网和相关通信技术建立完善的重要环境治理信息更新与通报平台。同时，将治理水体中悬浮物、有机氮等检测指标通过可视化平台及时更新，及时且直观地将问题发生地、发生区域及具体信息反馈于各相关管理部门和周边区域，打破"在哪发现，在哪治理"的传统，建立区域治理的共通责任意识，实现以客观数据推动主动治理。

7.4 大运河文化带（鲁苏浙段）特色历史城镇空间联通问题及发展战略

7.4.1 大运河文化带（鲁苏浙段）特色历史城镇的空间联通问题

在当下城市交通迅猛发展的阶段，城市之间的交通网络是促进城市之间要素流通、提高城市空间可达性的必要保障及总体基础。城市等时圈展现了所研究区域之中的任意位置到最近城市所要消耗的最短旅行时间，是直观认知城市之间、城市与区域之间空间关联度的重要方式，是衡量地区区位优势的重要标准之一。

本书通过提取 OSM 开源地图数据中的城市高速公路与铁路系统，应用 ArcGIS 10.8.2 的拓扑（Topology）工具建立路网拓扑，通过网络计算求得最短距离或时间成本，通过核密度（Kernel Density）工具进行空间插值分析，以此构建大运河文化带（鲁苏浙段）特色历史城镇等时圈。对于高速公路而言，划分 31～45 分钟、46～60 分钟、61～75 分钟、76～90 分钟、91～101 分钟五个等时圈，发现扬、镇、苏、锡、常、宁、泰以及淮、宿的部分地区处于 31～45 分钟等时圈内，表现为突破原有行政边界，与周边城市紧密融合的空间特征，城市之间的关联度最高。宿、淮、扬、泰的部分地区地处 46～60 分钟等时圈内，与扬、苏等市具有较强关联，有较高发展潜力，易于形成空间与经济之间的联系，具有规划"一小时内经济圈""一小时交通圈"的天然优势。除此之外，任、盐、湖、绍、宁、杭 6 市的中心城区大多处于 61～75 分钟等时圈内，徐、枣、连、通 4 市与其他城市的交通可达性较低。

对于铁路而言，划分 22～30 分钟、31～40 分钟、41～50 分钟、51～60 分钟、61～69 分钟五个等时圈，发现"淮、宿""镇、常、锡、苏"两城市群地处 22～30 分钟等时圈中，各城市群之间的城市连结较为紧密，尤其镇、常、锡、苏四地之间城市的融通态势鲜明。但"半小时内经济圈"尚未突破市级行政边界，两城市群之间尚未形成铁路交通的紧密联结。宁、扬、泰、湖、徐、连、通的大部分地区都位于 31～40 分钟等时圈内，绍、甬两地与周边地区的铁路可达性均较低。

7.4.2 大运河文化带（鲁苏浙段）特色历史城镇空间发展战略

综合大运河（鲁苏浙段）高速公路与铁路两大主要的等时圈分析可以发现，苏、锡、常、镇四市现今已经形成"一小时交通圈、一小时经济圈"，具有开发"城际铁路半小时通勤圈"的绝对优势，城市之间可达性最高。与此同时，宿、淮两地具有城市融合发展的良好基础，可以通过公路规划进一步实现两地融合。同时，加强"淮、扬、镇"之间的铁路交通，是推动其与"苏、锡、常、镇"并驾齐驱联动发展，带动苏北、苏中、苏南连绵的主要方向。现今，鲁、苏、浙三省跨域协同发展尚受到交通阻碍，杭、绍、甬、徐、宿、连均有不同程度的交通建设问题。但与此同时也应注意到，苏、嘉两地已经萌发跨域融合的发展态势，加强两地铁路建设以增强这一趋势是江、浙跨域协同发展的良好契机。至于苏北及鲁南地区，各市间的联结尚未形成。因此，进一步提升鲁南与苏北地区城市间公路、铁路建设水平，重点关注枣、徐、连、绍、甬几市的交通建设，加大力度推动徐、枣、任三地融合，是未来城市之间跨省联通发展的必要保障。

7.5 大运河文化带（鲁苏浙段）特色历史城镇文化发展问题及发展战略

7.5.1 大运河文化带（鲁苏浙段）特色历史城镇的文化发展问题

在运河漕运的影响下，传统文化区的子集逐渐显现，与运河文明一同构成区域社会的文化底色。现今，大运河（鲁苏浙段）特色历史城镇的文化发展面临四个主要问题。

（1）运河文化遗产与地域文化分立而论，城市文旅发展同质化严重

现今，大运河（鲁苏浙段）特色历史城镇文旅局多依托物质文化遗产、运河古镇、名人故居打造文旅景区，形成在传统旅游模式上叠加同质资源的发展模式，甚至出现了济宁、淮安、扬州等城市均以"运河之都"为文旅坐标的现象，导致运河文化与相关城市在文旅发展中都缺少竞争力（见表7.6）。

这一现象产生的原因在于，大运河（鲁苏浙段）沿运城市的文旅产业宣传与规划多集中于运河文化遗产观光或地域文化体验两方面，虽意识到了大运河文化遗产作为旅游资源对城市的重要作用，也在传统文旅产业的发展中形成了一套较为成熟的规划体系，但是，尚较少有城市彻底实现运河文化与地域文化的融合发展。大运河文化作为特色文化，随活态运河而传播，在沿线地区所遗留的文化元素本具有相似性。而地域特性作为城市的主要识别特征，也是具有地域标识性的运河文化构建的重要基础。因此，未能充分重视非物质文化遗产和物质文化遗产、运河文化与地域文化在历史的互动作用与一体化特性，是现今运河沿岸特色历史城镇文旅产业发展同质性严重的根本原因。

（2）城市对运河文化实质的共性认知尚未建立，运河成为发展工具而非文化载体

沿运城市在对大运河文化发展的总体定位中，大都以运河的"水韵"作为文化主体形象，构建城市的文化符号。实际上，"水"仅为运河的载体而并非本质，"漕运"是中国大运河绝无仅有的文化现象。单纯以"水"作为运河文旅产业发展的抓手，难以实现与河、湖、江等水文化的区别，进一步导致大众对其文化标识性与特征性认知不足，使运河文化难以异军突起，难以进一步与地域多元文化发挥联动效应。同时，由于对运河文化共性认知的缺失，运河古镇的保护开发出现了以商业发展为目标的单纯仿古模式。"仿古"在旅游产业开发中不可避免，

但应在充分理解其文化本质的基础上，从未来可持续发展的视角融合历史与经济开发。2007 年，阮仪三、朱晓明、王建波等学者对长江以北典型运河历史城镇的保护状况进行调研，指出在 58 个城镇中，只有淮安河下、济宁南阳、扬州邵伯、湾头、宝应、高邮、徐州窑湾、邳州土山、枣庄台儿庄顺和古街、月河古街的保护情况较好，其余大部分古镇都显现出了"建设性破坏"的发展态势，拆旧建新、造假古董现象层出不穷[214]。对运河古镇的历史风貌不能进行原真性把控，使一条条以现代、时尚为主题的商业街区成为古运河"十里长堤、柳绿成荫"的替代品，大运河的文化价值真貌被掩藏于经济开发之中。

表 7.6　大运河（鲁苏浙段）沿运主要城市的文化旅游品牌

（来源：作者自绘）

城市	城市文化旅游品牌
济宁	"孔孟之乡、运河之都、文化济宁"
枣庄	"运河古城、匠心枣庄"
徐州	"水韵江苏、汉风徐州、快哉徐州"
宿迁	"遇见醉美宿迁"
淮安	"千年运河、游在淮安"
扬州	"世界运河之都、世界美食之都、东亚文化之都"
常州	"中吴风雅颂"
苏州	"江南文化"
南京	"金陵文旅"
嘉兴	"红船魂、国际范、江南韵、运河情"
杭州	"印象西湖、万事利、良渚、宋城千古情"
绍兴	"研学绍兴"
宁波	"海丝古港、微笑宁波"

（3）忽视运河文化传承者的主体地位，运河文化可持续性不足

在经济利益的驱使下，部分地区的古镇形成了以原住居民迁出为主的纯商业化开发模式，以乌镇、台儿庄等为典型代表。此类市镇在新型城镇化建设开发时，将原住居民统一迁出，旋即引入景区员工暂居。由此，自古以来推动文化传承的自下而上之力转为由上至下的经济手段。原住居民是地域文化（尤其是非物质文化遗产）的主要传承者，其婚丧嫁娶习俗、服饰着装、生活特性、地域历史

文化传说、手工技艺的延续都是地方活态文化传承的重要途径，而无法通过简单的建筑风貌还原。经济开发与文化传承的分立使古镇缺失了原真性生活场景，在旅游淡季成为了无生气的博物馆而非生活与文化空间，对文化的活态可持续性造成了严重打击。

（4）大运河文化带（鲁苏浙段）特色历史城镇文化遗产保护的跨区域协同治理规划尚未建立

现今，大运河文化带（鲁苏浙段）的大运河文化保护及传承利用规划均以各省市行政单位为基础建立，大运河（鲁苏浙段）聚落遗产的判定尚未有统一的标准。大运河（鲁苏浙段）特色历史城镇面临文化背景分割、保护机制不一的困境，大运河文化带（鲁苏浙段）的整体文化内涵难以被完整诠释。

7.5.2 大运河文化带（鲁苏浙段）特色历史城镇文化发展战略

（1）在大运河文化带（鲁苏浙段）区域社会深植运河文化的集体认同

在大运河文化的保护利用方面，积极推动学界在大运河研究中加强纵向深度，完善运河分类名录和档案，建立资料库、视频库等数字资源集群。同时，系统推进大运河（鲁苏浙段）文化遗产的跨区域协同保护，推动各省对运河文化遗产保护进行协同规划与立法，避免跨区域文化遗产保护标准相异的情况出现。现今，各省对大运河文化遗产保护的重视情况不同，导致运河文化遗产资源向立法支持地区流动[215]。运河文化遗产的整体性保护应率先破除行政边界的限制，实现鲁、苏、浙三省的整体性保护。关于具体的保护方法与保护范围划定，应以大运河（鲁苏浙段）的六大板块为主，依据不同的发展目标，结合旅游开发活动进行灵活性保护与整体规划。

与此同时，应注重将学术的文化转向生活的文化、认知的文化，根植运河文化于民众生活。在文化传播方面，可通过文学作品、自媒体、虚拟技术等手段建立"地域文化—运河文化"的联结，实现运河文化"强势输入—主动融合"的传播模式转变。在教育层面，将与大运河相关的史料、事件、手工技艺等纳入文化课程，通过"文化根植—文化普及"推动区域社会民众对大运河文化认同的提升，这也是实现运河文化产业发展的必要前提。

（2）以特色历史城镇板块为主体推动"继承性＋连续性"文化的协同发展

大运河（鲁苏浙段）早期文化的形成多由地理要素决定，在漕运活动对区域经济、政治、生态环境等因素的影响下进一步细化，逐步形成现今的稳定格局，是具有历史继承性和连续性的优秀文化。因此，大运河文化的协同发展应在保障文化历史连续性的同时，实现未来的可持续发展。

运河文化是建立于实体的、贯通古今的、连结区域社会的文化纽带。从历史视角来看，鲁南—苏北、苏中、苏南—浙北—浙东等小城市集群的文化一体性基础由来已久，在漕运影响下，进一步因特定功能而于市镇一级产生文化丛，如太湖流域的纺织文化和桑蚕丝织文化。同时，村落富集圩田景观、垛田景观、圩荡田景观、桑基鱼塘等反映运河区域社会农耕文明进程的文化资源，运河文化在纵向的"城、镇、村"视角下形成了递进关系，建立于历史与未来的运河文化跨区域协同发展是实现运河小型特色历史城镇板块横向发展与纵向发展、打通城际合作、整合文化资源、提升文化竞争力、实现城乡融合的重要内生力。

7.6 大运河文化带（鲁苏浙段）整体保护发展的总体战略布局

针对大运河文化带（鲁苏浙段）"生态、社会、经济、文化、空间"中的具体发展问题以及相关维度的战略，本书综合现有各层次的发展措施与初期设定，在空间层面按照"整体保护发展"的原则制定大运河（鲁苏浙段）特色历史城镇发展战略。

（1）规划分区

核心区，包含 20 个设区市范围内的 120 个县（市、区），指大运河主航道及重要支流航道流经的区域或无主航道及重要航道流经，但有重点保护镇和与相邻市（县）重点保护镇相联结的区域，是与活态运河息息相关、孕育活态运河文化的主要区域，也是大运河文化带的核心建设区域。

拓展区，包含大运河（鲁苏浙段）特色历史城镇范围内除核心区外的 21 个县（市、区），指与活态运河文化息息相关但无大运河（鲁苏浙段）主航道或重要支流航道流经的区域，部分拓展区涉及的县（市、区）也有重点保护镇，但因与周边地区联动性较低而难以在初期实现联动保护发展，是大运河（鲁苏浙段）文化向外拓展、与地域文化区融合的交汇地带，是大运河文化带（鲁苏浙段）的重点建设区。

辐射区，包含 20 个设区市范围内除核心区及拓展区以外的区域。辐射区无大运河主航道及重要支流航道流经，也暂无重点保护镇，是活态运河文化进一步传播的联动地区，是支撑和保障大运河（鲁苏浙段）文化带的重要区域。在未来大运河文化带（鲁苏浙段）文化的进一步挖掘中，辐射区作为一个动态区域，应根据具体发展需求灵活调整自身边界。

对照现有《规划纲要》对大运河文化带（鲁苏浙段）核心区、拓展区、辐射区的划定，本书进一步将原有带状的大运河文化遗产保护区拓展为面状，对相关特色历史城镇的文化意义进行整体性考量。在未来发展中，大运河文化带（鲁苏浙段）特色历史城镇将成为连结新亚欧大陆桥、海上丝绸之路、长江经济带、黄河流域生态保护和高质量发展的南北战略通廊。

（2）发展布局

本书统筹考虑大运河文化带（鲁苏浙段）特色历史城镇"生态、社会、文化、经济、空间"五个维度的经济社会发展基础条件、具体问题与相关对策，构建"一轴两环、四大高地、八大片区、五大组群"的空间发展布局。

提升运河文化带一轴两环。以会通河段、中运河段、淮扬运河段、江南运河段、浙东运河段为主轴，以"破岗渎—上容渎—秦淮河—胥河""盐河—串场河—通扬运河"为东西两环，充分发挥大运河水网的网状串联功能，依托网状水系的独特优势推进历史文脉融合汇通、沿线水脉联通，推动大运河（鲁苏浙段）河道、岸线和相关特色历史城镇的空间融合，以网带面、有机整合。

打造齐鲁文化高地、淮扬文化高地、吴越文化高地和中原文化高地。依托传统四大文化高地，通过重点保护镇的盐文化、桑蚕文化等文化丛的保护建设，推动鲁文化、楚汉文化、淮扬文化、海洋文化、金陵文化、吴文化、吴越文化、越文化八大文化片区的跨域灵活融通，统筹推动现有文化分区省际文化空间的重构与再融合，实现以一轴两环带动三省文化发展。

重塑八大沿运片区。以活态运河文化和地域特色文化为纽带，打响地域活态运河文化品牌，完善一体化合作发展机制。鲁文化区突出挖掘活态运河官商文化，辅以南四湖生态湿地建设，打响"漕河之首、孔孟圣地"文化品牌。楚汉文化区突出挖掘活态运河治水文化，以"黄淮漕河治水，楚汉枭雄争霸"文化品牌推动三河文化联动。海洋文化区与淮扬文化区突出挖掘盐文化，打造"淮盐始地、盐商遗踪"文化品牌，建设活态运河盐文化展示区与漕盐博物馆。金陵文化区突出挖掘活态运河都城文化，打响"江河南北门户、六朝帝王之都"文化品牌，重点推动以都城文化及官设工商机构为主的龙江船厂、江宁织造府等景区联动发展，充分展示活态运河的多面魅力。吴文化区与吴越文化区突出挖掘活态运河商品文化、生态农业文化，以"丝绸吴语地、漕河商贸史"文化品牌推动地区文化联动发展。与太湖联动，建设漕运丝文化、纺织文化、棉文化、米文化、生态农业博物馆或展示区，推动文化融合与重构新生。越文化区突出挖掘活态运河的外贸文化与人文风采，打造"唐宋珍品漕路、人文荟萃之府"文化品牌，与地方名人故居等联动发展，充分展现活态运河对人文社会发展的影响及具有杂糅色彩的文化特性。

五大群组经济联动发展。基于大运河（鲁苏浙段）特色历史城镇的社会发展现状、经济发展现状与空间融合现状，以活态运河"一带两环"为主轴带动区域社会经济联动发展。首先，在交通融通强度、人口流动强度、文化产业发展潜力方面，镇、常、锡、苏四地都已经具有绝对的发展优势与相关基础。与此同时，为实现整体性跨域协同治理机制的构建，在现今发展基础上，可以推动镇、常、锡、苏、嘉五地联动，通过加强合作，提高嘉兴地区的区域竞争力，利用交通及经济联系优势构建嘉、苏两地一小时通勤圈，带动高质量人力资源流动。其次，构建宁、扬、泰、盐、通五地联动城市圈，先期以宁、扬、泰三市为核心，通过强化城市人才招引政策共商共议、推动资本市场分工协作促进城市间人口交流向东逐级辐射，带动片区的一体化发展。再次，以宿、淮、连三地联动建设小城市圈，先期以宿、淮为中心，通过完善城市基础设施，促进城市开发进程、加快活态运河文化产业及特色产业集群一体化发展。同时，加强宿、连、淮之间的城市建设与城际交通。现今，"连、淮、扬、镇"一体化铁路建设为这一目标的实现奠定了良好基础，对联通三地物流、人流、资金流以及促进一体化高质量发展具有重要意义。以任、枣、徐三地联动建设小城市圈。目前，任、枣、徐三地在经济联系、产业发展、城际联通等方面均未形成城市间连绵态势。但现今"鲁南苏北一体化"的提出，使三地率先建立跨省级行政区划的一体化发展共识，为小城市群建设提供了重要政策支持。与"鲁南—苏北"地区其他市相比，任、枣、徐三地近活态运河，其发展优势更为明显。未来，三地应以产业结构优化调整、城际铁路公路建设为主要发展方向，推动城际间人流、物流的加速流通，改善现有以煤炭、化工、钢铁为主的资源加工型、劳动密集型产业或产业链向旅游业、文化产业等转型。以城际交通建设为基础，以文化带动区域经济发展是主要发展方向。最后，以湖、杭、绍、甬四地联动建设小城市圈。从现今发展基础来看，杭州对湖、绍、甬三地具有较强的主导性，杭、甬两地是地区的经济高地。除此之外，四地在经济联系度、城市交通连通度、城市连绵性等方面都尚处于发育中期阶段。2020 年，浙江省提出《杭绍甬发展一体化实施方案》，提出杭绍同城、绍甬联动、杭甬协同的三大战略导向，为大运河（鲁苏浙段）城市群建设奠定了良好基础。科技资源协同布局、高端制造协同布局、文化旅游协同布局等已经全面开展。以此为基础，根据湖州的产业模式，率先联动湖、杭、甬、绍文化旅游协同发展是实现城市间产业联动发展的重要依托。未来，四市也应尽快实现轨道交通、公路网络的联结。破除杭、绍、甬的交通阻隔，是共建同城生活圈的必要基础。

根据大运河的治理层次、各层次治理需求，建立由国家战略发展领导小组带头组建的、平行或高于省级行政单位的"大运河文化带（鲁苏浙段）协同治理促进委员会"，制定"横向—纵向"相结合、统筹"社会发展、生态治理、产业合作、文化共治、空间共融"的大运河文化带（鲁苏浙段）跨域协同治理机制（见图 7.2）。

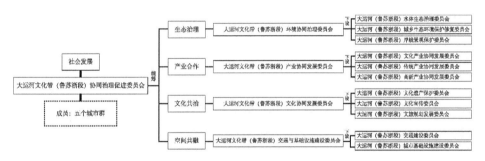

图 7.2 大运河文化带（鲁苏浙段）跨域协同治理机制构建

（来源：作者自绘）

第 8 章

结论与展望

8.1 结论

大运河文化的"保护、传承、利用"作为本书的总纲领贯穿始终。自大运河文化带建设上升为国家战略，大运河便不再仅仅是作为遗产的一条河。在当下，大运河更成为强化跨区域资源流动的发展的河，并作为区域社会经济发展的主导，被纳入了社会、文化、经济、生态的一体化发展进程。大运河文化带拥有得天独厚的历史资源和南北联通的战略发展优势。本书在"历史—当下—未来"的联结中，紧跟国家政策指引，提出大运河文化带（鲁苏浙段）特色历史城镇发展战略，期望对未来运河文化带在文化引领视角下实现区域社会经济发展作出贡献。

（1）从"文化线路"到"文化网络"，构建大运河（鲁苏浙段）文化网络研究框架

以往，建立于线性文化遗产保护视角下的大运河文化遗产保护工作，在活态运河文化遗产保护中，往往面临着具体规划工作与历史发展难以衔接的窘境。基于这一问题，众多学者已经渐次开展了更适用于中国文化背景的运河文化遗产保护研究与相关实践。在此趋势下，本书借"文化线路"概念将线性文化遗产视角进一步扩展，以大运河（鲁苏浙段）运河水网和相关特色历史城镇作为研究主体，通过对大量古籍史记等文献进行梳理，理清以大运河文化带（鲁苏浙段）特色历史城镇为载体的、与运河文化及水路交流活动密切相关的"文化网络、生态网络、社会网络、经济网络"，以此为基础，基于现代地图直观展现其显性空间格局。基于隐性文化网络，进一步揭示"鲁南、苏北、苏中、苏南、浙北、浙东"六大特色历史城镇区域板块背后的文化生态共通性。发现在历史中，各层次文化网络下的各模式区域板块群组不仅在大运河（鲁苏浙段）的横向治理中实现彼此协同，在纵向治理中也形成了较为完善的制度与职责分工，在历史中已经形成了兼具多种模式的"社会—产业"一体化协同治理经验。大运河（鲁苏浙段）特色历史城镇以其文化整体性与跨域协同治理需求，为大运河文化带（鲁苏浙段）整体性保护发展提供了宝贵经验与历史依据，为大运河文化带（鲁苏浙段）建设提供了明确的指向。

（2）综合"大运河—中国—西方"多重跨区域协同治理经验，构建大运河文化带（鲁苏浙段）跨域协同治理机制，提出大运河文化带（鲁苏浙段）特色历史城镇发展战略

当下，区域一体化已经成为中外发展模式转变的整体趋势。本书基于中国工业化后期的背景与政治经济底色，结合国内外跨区域协同治理的相关实践，指出大运河文化带（鲁苏浙段）应以小型特色历史城镇群为先驱发挥带头作用，实现"小型特色历史城镇集团—大型特色历史城镇集团—大运河（鲁苏浙段）城市连绵带—大运河文化带"的整体演进过程，构建以政府为主导、以产业为协调手段、以空间为跨域协同基础、以生态为治理基础与可持续发展保障、以文化为顶层治理目标和总体治理方向的"生态治理、社会发展、产业合作、文化共治、空间共融"五维一体的跨区域协同治理模式，构建"一轴两环、四大高地、八大片区、五大组群"的整体发展战略，丰富大运河文化带在"文化引领"和"文化保护传承利用"方面的整体性研究成果。

8.2 创新点

（1）线性文化遗产保护方法的延展：大运河（鲁苏浙段）文化网络研究框架构建

本书基于现有的文化网络概念，对线性文化遗产保护理论中的大运河文化遗产保护方法进一步延展，构建基于中国文明特征的大运河（鲁苏浙段）文化网络研究框架，并将框架分为"显性—隐性"两大维度，从"生态、社会、文化、经济、空间"五大层次对各维度的文化网络进行全面研究，将"大运河—文化遗产—特色历史城镇"纳入统一系统，推动了大运河"文化引领"和"区域经济社会发展"目标的联通。

（2）整体性视角的建立：发掘活态特性，开展整体性研究

本书关注到了大运河（鲁苏浙段）的活态特性以及活态运河的整体性研究价值。在研究中，不但关注到了活态运河空间意义上的整体性价值，还从"生态、社会、经济、文化、空间"五个层次对活态运河及其相关特色历史城镇的历史变迁、文化网络构建展开文化生态层面的系统性研究，重视活态运河文化意义上的整体性价值。在此视角下展开的大运河文化带（鲁苏浙段）研究，既生动诠释了运河文化的文化特性，又对当下乃至未来的区域社会经济发展具有重要意义。

(3) 推动活态运河文化生态在"历史—当下—未来"三重维度的结合

本书在历史研究的维度下，构建显性与隐性相生的"文化网络—生态网络—社会网络—经济网络—空间网络"；在当下视角下，建立"文化—社会—产业—经济—空间"五维一体的跨域协同治理模式；在未来的视角中，制定"生态治理、社会发展、产业合作、文化共治、空间共融"的大运河文化带（鲁苏浙段）特色历史城镇发展战略，以文化生态的视角从多层次对运河文化资源全面盘整，以实现"历史—当下—未来"的有机统一。

8.3 展望

首先，本书在对大运河（鲁苏浙段）特色历史城镇对象的判别过程中，深感因相关史志资料缺失而不能进一步实现更加深入研究的遗憾。现今对大运河（鲁苏浙段）特色历史城镇研究的史志资料多集中于苏南一带。实际上，浙东地区作为"对外贸易—内河航运"的集成式枢纽，虽未大范围形成城镇的产业集群，但也有带强烈地域特色的手工业市镇出现，这一现象与运河不无关联。现今，在运河视角下对宁绍两地特色历史城镇的研究大都集中于"闸坝、水工"等相关聚落之中，同时较少探讨特色历史城镇因运河产生的彼此关联与内在机制。本书在这一方向的深入研究或为大运河（浙江段）文化意义与历史地位的提升以及文化多样性认知视角的建立提供助益。

其次，本书在对大运河（鲁苏浙段）文化的探寻之中，发现在传统文化区的分区之下，还蕴含着与活态运河"生态、社会、经济、文化、空间"等相关的多种文化丛。但囿于篇幅所限以及本书选取的研究视角，尚需要进一步深入探究。在此基础之上，对大运河文化带（鲁苏浙段）各文化高地的文化层次进行细化研究，并将其与文化遗产保护相结合，是进一步实现大运河文化带"文化引领"、大运河文化带文化产业发展的主要方向之一。

最后，本书对大运河文化带（鲁苏浙段）特色历史城镇所提出的发展战略以宏观发展视角为主。在未来如要进一步落实，还需对现有的跨区域协同治理模式框架进行深入探究，在海量数据的基础上建立区县级大运河（鲁苏浙段）特色历史城镇之间的产业合作模型、生态资源模型、人口流动模型等，以推动远景战略进一步走向具体执行。

后 记

党的二十大报告中提出，"加大文物和文化遗产保护力度，加强城乡建设中历史文化保护传承；深入实施区域协调发展战略；推进文化自信自强，增强中华文明传播力影响力"。在文化遗产保护重视区域化、整体性国际学术语境、传统村落保护利用和大运河国家文化公园建设的时代背景下，对区域性传统聚落的整体性保护展开研究，保障大运河国家文化公园建设，助力区域可持续发展，铸牢中华民族共同体意识，建构完善且符合中国国情、彰显文化自信的文化遗产保护传承体系，具有重要的学术和现实意义。

大运河国家文化公园建设是基于文化强国战略和区域协调发展提出的重大决策，但较多沿运聚落仍面临遗产保护压力巨大、传承利用质量不高、生态空间挤占严重、沿线发展不平衡等问题。

本书从多学科多角度，聚焦研究大运河（鲁苏浙段）特色历史城镇，基于"文化、生态、经济、社会、空间"多维视角分析其价值，探究"文化、生态、经济、社会、空间"的内在机制，探索构建"大生态格局—大运河—城—镇—村"整体保护与可持续发展策略，以促进区域文化认同和经济发展，助力全面振兴。

在本书写作过程中，首先感谢同济大学教授阮仪三先生提出方向性的指导。阮仪三先生以其特有的严谨治学方法和深邃的洞察力，引导本书进行了多视角的辩证思考与深入剖析。阮先生是中国文化遗产保护的大家，在历史文化名城、名镇、名村、街区、建筑遗产等领域具有卓越的理论及实践经验，先生的高贵品格和科研精神，一直是我辈之楷模，将不断指引我辈在文化遗产领域继续前行。

同时，非常感谢东南大学董卫教授。因受到了董卫教授的重要启发，方有本研究之选题。董卫教授广博的知识面与思考问题的独特视角，对于本书主题的确定以及研究内容的深入，有着非常重要的作用。

此外，在此深深感谢翟雨薇和方至谋认真负责的全身心付出和不计回报的全力支持，本书的成稿离不开两位同学浸润的汗水和投入的精力。

最后，再次感谢亲爱的家人们、同事们、同学们，正因为有了大家的鼓励和支持，才有了今日的成果。

姚子刚

2024 年 3 月

参考文献

[1] https://whc.unesco.org/en/list/1443(大运河申遗文件).

[2] 新华社.中共中央办公厅国务院办公厅印发《大运河文化保护传承利用规划纲要》[EB/OL].(2019－05－09)[2023－01－17].http://www.gov.cn/zhengce/2019－05/09/content_5390046.htm.

[3] 新华社.将大运河打造成展示中华文明的亮丽名片:解读《大运河文化保护传承利用规划纲要》[EB/OL].(2019－05－22)[2023－01－19].http://www.gov.cn/zhengce/2019－05/22/content_5393737.htm.

[4] 厉建梅,单梦琦,齐佳.大运河文化带沿线城市文化—生态—旅游耦合协调发展[J].经济地理,2022,42(10):201－207.

[5] 孟丹,刘玲童,宫辉力,等.京杭大运河沿线地区城市化与生态环境耦合协调关系研究[J].自然资源遥感,2021,33(4):162－172.

[6] 孙久文,易淑昶.大运河文化带城市综合承载力评价与时空分异[J].经济地理,2020,40(7):12－21.

[7] 刘晓东.浙江历史城镇保护的问题与对策[J].城市规划,2003,27(12):65－67.

[8] 汪振军.城镇化建设中的文化问题[J].郑州大学学报(哲学社会科学版),2014,47(3):31－33.

[9] 中华人民共和国国家发展和改革委员会.国家发展改革委印发《大运河文化保护传承利用"十四五"实施方案》[EB/OL].(2021－07－19)[2023－01－24].https://www.ndrc.gov.cn/fzggw/jgsj/shs/sjdt/202107/t20210719_1290681.html.

[10] Little C E. Greenways for America[M]. Baltimore: Johns Hopkins University Press,1995.

[11] Doly J. Heritage areas: Connecting people to their place and history[J]. Forum Journal,2003,17(4):5－12.

[12] Flink C A,Searns R M. Greenways:A guide to planning,design and devel-

opment[M]. Washington：Island Press，1993.

[13] Krugman P. First nature, second nature, and metropolitan location[J]. Journal of Regional Science，1993，33(2)：129 - 144.

[14] 龚道德. 美国运河国家遗产廊道研究[M]. 北京：中国建筑工业出版社，2018.

[15] 王志芳，孙鹏. 遗产廊道：一种较新的遗产保护方法[J]. 中国园林，2001(5)，85 - 89.

[16] 李伟，俞孔坚. 世界文化遗产保护的新动向：文化线路[J]. 城市问题，2005(4)：7 - 12.

[17] ICOMOS. Charter on Cultural Routes[R]. Quebec：ICOMOS 16th General，2008.

[18] 路璐，王思明. 大运河文化遗产研究：现状、不足与展望[J]. 中国农史，2019，38(4)：137 - 145.

[19] 单霁翔. 关注新型文化遗产：文化线路遗产的保护[J]. 中国文物科学研究，2009(3)：12 - 23.

[20] 陈怡. 大运河作为文化线路的认识与分析[J]. 东南文化，2010(1)：13 - 17.

[21] 阮仪三，丁援. 价值评估、文化线路和大运河保护[J]. 中国名城，2008(1)：38 - 43.

[22] 单霁翔. 大型线性文化遗产保护初论：突破与压力[J]. 南方文物，2006(3)：2 - 5.

[23] 梅耀林，周岚，张松，等. 跨区域线性文化遗产保护与利用[J]. 城市规划，2019，43(5)：40 - 47.

[24] 张书颖，龙飞，刘家明，等. 线性文化遗产的管理保护与旅游利用：研究进展与启示[J]. 湖南师范大学自然科学学报，2023，46(2)：1 - 14.

[25] 李伟，俞孔坚，李迪华. 遗产廊道与大运河整体保护的理论框架[J]. 城市问题，2004(1)：28 - 31,54.

[26] 俞孔坚，李迪华，李伟. 论大运河区域生态基础设施战略和实施途径[J]. 地理科学进展，2004(1)：1 - 12.

[27] 俞孔坚，李迪华，李伟. 京杭大运河的完全价值观[J]. 地理科学进展，2008(2)：1 - 9.

[28] 俞孔坚，奚雪松. 发生学视角下的大运河遗产廊道构成[J]. 地理科学进展，2010，29(8)：975 - 986.

[29] 俞孔坚，李迪华，李海龙，等. 京杭大运河国家遗产与生态廊道[M]. 北京：北京大学出版社，2012.

[30] 朱永杰，王亚男. 运河对北京城市空间结构的影响研究：兼论运河文化带保护和建设策略[J]. 城市发展研究，2019，26(12)：44-48.

[31] 李春波，朱强. 基于遗产分布的运河遗产廊道宽度研究：以天津段运河为例[J]. 城市问题，2007(9)：12-15.

[32] 王健. 大运河文化遗产的分层保护与发展[J]. 淮阴工学院学报，2008(2)：1-6.

[33] 王建华，仇志斐. 基于CHGIS古城镇信息的沧州段运河遗产廊道研究[J]. 沧州师范学院学报，2021，37(2)：24-26,34.

[34] 王凯伦，赵晶，刘安然，等. 基于遗产廊道构建的运河遗产保护规划探索：以京杭大运河苏州古城段为例[J]. 园林，2022，39(7)：39-48.

[35] 殷明，奚雪松. 大运河文化遗产解说系统的构建：以大运河江苏淮安段明清清口枢纽为例[J]. 规划师，2012，28(S2)：65-68.

[36] 张飞，杨林生，石勇，等. 大运河文化带游憩空间范围及层次研究[J]. 地域研究与开发，2019，38(6)：80-84.

[37] 张飞，杨林生，何勋，等. 大运河遗产河道游憩利用适宜性评价[J]. 地理科学，2020，40(7)：1114-1123.

[38] 王景慧. 文化线路的保护规划方法[J]. 中国名城，2009(7)：10-13.

[39] 朱晗，赵荣，郗桐笛. 基于文化线路视野的大运河线性文化遗产保护研究：以安徽段隋唐大运河为例[J]. 人文地理，2013，28(3)：70-73,19.

[40] 王建波，阮仪三. 作为文化线路的京杭大运河水路遗产体系研究[J]. 中国名城，2010(9)：42-46.

[41] 言唱. 文化线路视域下大运河非物质文化遗产的独特性研究[J]. 东北师大学报(哲学社会科学版)，2022(5)：78-86.

[42] 刘士林. 大运河与江南文化[J]. 民族艺术，2006(4)：77-81.

[43] 董卫，柴洋波，王沈玉，等. 江南文明背景下的运河遗产保护：由大运河产业遗产保护引发的一些思考[J]. 城市规划，2010，34(7)：44-47.

[44] 蒋楠. 基于文化线路内涵的大运河扬州段产业经济类遗产认定与评估[J]. 建筑与文化，2017(10)：218-220.

[45] 赵鹏飞，谭立峰. 大运河线性物质文化遗产：山东运河传统建筑[M]. 北京：中国建筑工业出版社，2019.

[46] 刘蒋. 文化遗产保护的新思路:线性文化遗产的"三位一体"保护模式初探[J]. 东南文化, 2011(2): 19-24.

[47] 李麦产, 王凌宇. 论线性文化遗产的价值及活化保护与利用:以中国大运河为例[J]. 中华文化论坛, 2016(7): 75-82.

[48] 倪超琦, 陈楚文. 基于蓝绿空间规划下线性文化遗产的利用保护研究:以浙东运河绍兴段为例[C]. 中国风景园林学会. 第十三届中国风景园林学会年会. [出版地不详]:[出版者不详], 2023: 96-101.

[49] 赵霞. 基于历史性城市景观的浙北运河聚落整体性保护方法:以嘉兴名城保护规划为例[J]. 城市发展研究, 2014, 21(8): 37-43.

[50] 汪瑞霞, 张文珺. 文脉主义视域下江南运河沿岸传统聚落的保护与更新:以常州段为例[J]. 装饰, 2018(4): 98-101.

[51] 张兵. 城乡历史文化聚落:文化遗产区域整体保护的新类型[J]. 城市规划学刊, 2015(6): 5-11.

[52] 中国城市规划设计研究院, 浙江省文物考古研究所. 大运河(浙江段)遗产地历史城镇的整体保护[J]. 建设科技, 2017(20): 31-34.

[53] 张恒, 李永乐. 共生理论视角下京杭大运河聚落遗产一体化保护研究:以清名桥历史文化街区为例[J]. 洛阳理工学院学报(社会科学版), 2016, 31(5): 51-55.

[54] 黄育馥. 20世纪兴起的跨学科研究领域:文化生态学[J]. 国外社会科学, 1999(6): 19-25.

[55] 司马云杰. 文化社会学[M]. 济南:山东人民出版社, 1987.

[56] 邓先瑞. 试论文化生态及其研究意义[J]. 华中师范大学学报(人文社会科学版), 2003(1): 93-97.

[57] 冯天瑜. 中华文化生态论纲[M]. 武汉:长江文艺出版社, 2021.

[58] 方李莉. 文化生态失衡问题的提出[J]. 北京大学学报(哲学社会科学版), 2001(3): 105-113.

[59] 何小忠, 刘春花. 文化生态视野下大学新校区的校园文化现状和建设对策[J]. 黑龙江高教研究, 2006(11): 11-13.

[60] 李建华, 夏莉莉. 文化生态层级理论下的西南聚落形态:以大理喜洲聚落为例[J]. 建筑学报, 2010(S1): 55-57.

[61] 谢洪恩, 孙林. 论当代中国小康社会的文化生态[J]. 中华文化论坛, 2003

（4）：143-149.

[62] 魏成，钟卓乾，廖辉辉. 古劳水乡空间生成解析与传统村落文化生态特征
[J].南方建筑，2021(4)：97-104.

[63] 刘瑞强，席鸿，韩玮霄. 文化生态变迁下历史城镇空间的建设、保护与发展
[J].城市发展研究，2020，27(11)：38-43.

[64] Geertz C. Agricultural involution：The processes of ecological change in In-
donesia[M].Berkley：University of California Press，1969.

[65] 刘敏，李先逵. 历史文化名城物种多样性初探[J].城市规划汇刊，2002(6)：
55-56,80.

[66] 刘书安，李凡，杨俭波，等. 文化生态学视角下佛山古村八景的"地域性"解
读[J].中国园林，2020，36(2)：91-95.

[67] 庞朴. 文化结构与近代中国[J].中国社会科学，1986(5)：81-98.

[68] 国际古遗址理事会. 保护历史城镇与城区宪章[Z].华盛顿：[出版者不
详]，1987.

[69] 陈薇. 走在运河线上：大运河沿线历史城市与建筑研究[M].北京：中国建筑
工业出版社，2013.

[70] 傅崇兰. 中国运河城市发展史[M].成都：四川人民出版社，1985.

[71] 李泉，王云. 山东运河文化研究[M].济南：齐鲁书社，2006.

[72] 李永乐，孙婷，华桂宏. 大运河聚落文化遗产生成与分布规律研究[J].江苏
社会科学，2021(2)：182-193,244.

[73] 张小庆，张金池. 京杭大运河江南河段沿线城市的形成与变迁[J].南京林业
大学学报(人文社会科学版)，2010，10(2)：50-56.

[74] 黄锡之，朱春阳. 太湖地区水利和城镇港埠的兴起与发展[J].苏州大学学
报，2004(1)：110-115.

[75] 蒋鑫，郭巍，张文海，等. 城运相依：运河影响下淮扬沿运城镇传统空间范式
演进与驱动机制研究[J].城市发展研究，2021，28(11)：76-84.

[76] 钱建国，钟永山. 试论明清时期嘉兴湖州运河沿岸市镇经济的发展及其性质
[J].浙江财经学院学报，1991(3)：68-72.

[77] 朱年志. 明清山东运河与沿岸小城镇发展[J].华北水利水电大学学报(社会
科学版)，2015，31(4)：34-38.

[78] 王科，冯君明，林箐. 黄河与运河影响下鲁南传统沿运市镇水适应性空间特

征[J].风景园林，2023，30(1)：69-77.

[79] 阮仪三，曹丹青. 永葆水乡古镇的风采：苏南古镇甪直保护规划[J].新建筑，1989(4)：64-67.

[80] 魏羽力，许昊. 大运河聚落的遗产要素与价值评估：以扬州段为例[J].建筑与文化，2010(8)：94-97.

[81] 张延，周海军. 大运河宁波段聚落文化遗产保护措施研究[J].中国文物科学研究，2014(3)：30-32.

[82] 许广通，何依，殷楠，等. 发生学视角下运河古村的空间解析及保护策略：以浙东运河段半浦古村为例[J].现代城市研究，2018(7)：77-85.

[83] 吕珍，周云，史建华. 运河古道与苏州古城发展[J].档案与建设，2020(5)：74-76.

[84] 李乃馨，张京祥. 运河城市历史地段的文化基因传承研究：以江苏省常州市石龙嘴历史地段为例[J].上海城市规划，2021(6)：64-69.

[85] 邹统钎，韩全，秦静."千年运河"品牌基因谱系识别与空间分异研究[J].地理研究，2022，41(3)：713-730.

[86] 赵倩芳，刘刚，付饶，等. 基于POI数据空间聚集分析的城市多中心结构识别方法[J].桂林理工大学学报，2022，42(4).

[87] 赵佳丽，畅梦帆. 山西省与京津冀地区城市经济联系与网络特征研究[J].经济问题，2023(5)：110-118.

[88] 吴欣. 中国大运河发展报告(2018)[M].北京：社会科学文献出版社，2018.

[89] 王丰会. 泗水河道变迁述略[J].文津学志，2011(00)：182-195.

[90] 史念海. 中国的运河[M].西安：陕西人民出版社，1988.

[91] 陈桥驿. 中国运河开发史[M].北京：中华书局，2008.

[92] 邱志荣，陈鹏儿. 浙东运河史[M].北京：中国文史出版社，2014.

[93] 盐城市地方志编纂委员会. 盐城市志(1983—2005)[M].南京：江苏凤凰科学技术出版社，2019.

[94] 童福隆. 浙江航运史(古近代部分)[M].北京：人民交通出版社，1993.

[95] 中国城市规划设计研究院. 大运河(宁波段)遗产保护规划[Z].2009.

[96] 安作璋. 中国运河文化史(下册)[M].济南：山东教育出版社，2001.

[97] 李剑农. 宋元明经济史稿[M].北京：生活·读书·新知三联书店，1957.

[98] 高承. 事物纪原[M].北京：中华书局，1989.

[99] 刘安. 淮南子[M]. 南京：凤凰出版社，2009.

[100] 司马迁. 史记：你应该读的中国历史名著[M]. 3版. 殷涵，尹红卿，译. 北京：
当代世界出版社，2019.

[101] 傅王露.（雍正）浙江通志[M]. 刻本.［出版地不详］：［出版者不详］，1736
（清乾隆元年）.

[102] 吴良镛. 中国城市史研究的几个问题[J]. 城市发展研究，2006(2)：1-3.

[103] 李建，董卫. 古代城市地图转译的历史空间整合方法：以杭州市古代城市地
图为例[J]. 城市规划学刊，2008(2)：93-98.

[104] 姚汉源，谭徐明. 漕河图志：中国水利古籍专刊[M]. 北京：水利电力出版
社，1990.

[105] 章潢.［万历］新修南昌府志：日本藏中国罕见地方志丛刊[M]. 北京：书目
文献出版社，1991.

[106] 游修龄. 中国稻作史[M]. 北京：中国农业出版社，1995.

[107] 作者不详. 古今图书集成[M]. 北京：中国戏剧出版社，2008.

[108] 胡德琳，蓝应桂. 济宁直隶州志[M]. 刻本.［出版地不详］：［出版者不详］，
1785（清乾隆五十年）.

[109] 武同举. 淮系年表全编[M]//中国水利史典编委会. 中国水利史典：淮河卷
一. 北京：中国水利水电出版社，2015.

[110] 吴建勇，张洪艳. 苏北水文化景观格局生成探讨：以大运河为中心[J]. 中国
名城，2021，35(4)：82-88.

[111] 赵明奇. 徐州自然灾害史[M]. 北京：气象出版社，1994.

[112] 阮本焱. 阜宁县志[M]. 刻本.［出版地不详］：阜邑陆氏刻字修谱局，1886
（清光绪十二年）.

[113] 侯绍瀛. 睢宁县志稿[M]. 刻本.［出版地不详］：［出版者不详］，1886（清光
绪十二年）.

[114] 江苏省地方志编纂委员会. 江苏省志-42-交通志·航运篇[M]. 南京：江苏
古籍出版社，2001.

[115] 江苏省地方志编纂委员会. 江苏省志-14-农业志[M]. 南京：江苏古籍出版
社，1997.

[116] 赵世荣. 宝应县志[M]. 铅印本.［出版地不详］：［出版者不详］，1932（民国
二十一年）.

[117] 李春初. 长江河口三角洲问题评述[J]. 地理学报，1991(1)：115-121.

[118] 缪启愉. 太湖塘浦圩田史研究[M]. 北京：农业出版社，1985.

[119]《京杭运河(江苏)史料选编》编纂委员会. 京杭运河(江苏)史料选编[M]. 北京：人民交通出版社，1997.

[120] 王建革. 泾、浜发展与吴淞江流域的圩田水利(9-15世纪)[J]. 中国历史地理论丛，2009，24(2)：30-42.

[121] 马雷. 唐宋时期的江南运河对农田水利的影响研究[D]. 上海：复旦大学，2008.

[122] 张延恩. 江阴县志[M]. 刻本. [出版地不详]：[出版者不详]，1840(清道光二十年).

[123] 雅尔哈善. 苏州府志[M]. 刻本. [出版地不详]：[出版者不详]，1748(清乾隆十三年).

[124] 著者不详. 光绪太仓直隶州志[M]. 稿本. [出版地不详]：[出版者不详]，1877(清光绪三年).

[125] 韩浚. 嘉定县志[M]//上海市地方志办公室. 上海府县旧志丛书. 上海：上海古籍出版社，2012.

[126] 杨章宏. 历史时期嘉湖地区水利事业的发展与兴废[J]. 中国历史地理论丛，1985(2)：189-207.

[127] 左丘明. 国语[M]. 上海：上海古籍出版社，1988.

[128] 徐光启. 农政全书[M]. 刻本. [出版地不详]：[出版者不详]，1637(明崇祯十年).

[129] 绍兴县修志委员会. 绍兴县志资料[M]. 扬州：广陵书社，2012.

[130] 乐承耀. 南宋宁绍地区农业发展及其原因[J]. 中共宁波市委党校学报，2002(4)：77-81.

[131] 冯天瑜，何晓明，周积明. 中华文化史[M]. 3版. 上海：上海人民出版社，2010.

[132] 许瀚.(道光)济宁直隶州志[M]. 刻本. [出版地不详]：[出版者不详]，1859(清咸丰九年).

[133] 赵祥星，钱江. 山东通志[M]. 刻本. [出版地不详]：[出版者不详]，1702(清康熙四十一年).

[134] 昆冈，李鸿章. 钦定大清会典事例[M]. 石印本. [出版地不详]：[出版者不

详],1899(清光绪二十五年).

[135] 陆耀. 山东运河备览[M]. 刻本. [出版地不详]:[出版者不详],1776(清乾隆四十一年).

[136] 潘世恩. 钦定户部漕运全书九十二卷[M]. 刻本.[出版地不详]:[出版者不详],[出版时间不详].

[137] 单渠. 两淮盐法志[M]. 刻本. 扬州:扬州书局,1870(清同治九年).

[138] 王雪萍. 扬州盐商文化线路[J]. 扬州大学学报(人文社会科学版),2012,16(5):93 - 98.

[139] 张强. 论运河与江淮盐运[J]. 江苏社会科学,2021(6):212 - 220,244.

[140] 陈少丰. 宋代两浙路市舶司补探[J]. 国家航海,2018(1):11 - 26.

[141] 龙登高. 宋代东南市场研究[M]. 昆明:云南大学出版社,1994.

[142] 周镛兵. 宁波对外经济贸易的几个历史阶段[J]. 宁波师专学报(社会科学版),1984(1):26 - 31.

[143] 阮宝玉,吴滔. 明清漕粮运输方式推行中的区域差异:以州县水次仓为视角[J]. 中国历史地理论丛,2016,31(3):101 - 113.

[144] 李家涛. 清代江南地区水驿制度研究(1660—1911)[D]. 上海:上海社会科学院,2014.

[145] 黄浚. 滕县志[M]. 刻本.[出版地不详]:[出版者不详],1717(清康熙五十六年).

[146] 包世臣. 安吴四种[M]. 刻本.[出版地不详]:[出版者不详],[出版时间不详].

[147] 于慎行. 万历(兖州府志)[M]. 刻本.[出版地不详]:[出版者不详],1596(万历二十四年).

[148] 王振录,周凤鸣. 峄县志[M]. 刻本.[出版地不详]:[出版者不详],1904(清光绪三十年).

[149] 彭泽益. 中国近代手工业史资料(1840—1949):第一卷[M]. 北京:中华书局,1962.

[150] 史为征. 盐城盐业性集镇浅述[J]. 盐业史研究,2013(3):57 - 60.

[151] 李高金. 黄河南徙对徐淮地区生态和社会经济环境影响研究[D]. 北京:中国矿业大学,2010.

[152] 淮安市市志编纂委员会办公室. 正德淮安府志(卷三—卷六)[EB/OL].

(2016 - 04 - 28)［2023 - 02 - 27］. http：//szb. huaian. gov. cn/col/2321_654767/art/8c614c6d7e8b4f109ce9e5108fc2385a. html.

［153］樊树志. 明清江南市镇探微［M］. 上海：复旦大学出版社，1990.

［154］韩浚，张应武.（万历）嘉定县志［M］//天一阁藏历代方志汇刊. 天一阁博物馆. 北京：国家图书馆出版社，2017.

［155］许瑶光. 嘉兴府志［M］. 刻本.［出版地不详］：［出版者不详］，1879（清光绪五年）.

［156］中华典藏. 会稽志卷第四［EB/OL］.［2023 - 02 - 28］https：//www. zhong-huadiancang. com/tianwendili/jiataihuijizhi/59732. html.

［157］蒋光弼. 於潜县志［M］. 活字本.［出版地不详］：［出版者不详］，1812（清嘉庆十七年）.

［158］钱晋锡. 富阳县志［M］. 刻本.［出版地不详］：［出版者不详］，1683（清康熙二十二年）.

［159］本采. 旋律史［M］. 司徒幼文，译. 上海：人民音乐出版社，1983.

［160］王献唐. 炎黄氏族文化考［M］. 青岛：青岛出版社，2006.

［161］翁齐浩. 析南越族的文身习俗［J］. 岭南文史，1992(3)：56 - 58.

［162］李云鹏. 论浙东运河的水利特性［J］. 中国水利，2013(18)：58 - 59.

［163］夏敬渠. 野叟曝言［M］. 长春：吉林文史出版社，1998.

［164］钞晓鸿. 海外中国水利史研究：日本学者论集［M］. 北京：人民出版社，2014.

［165］李文治，江太新. 清代漕运［M］. 北京：中华书局，1995.

［168］林士民. 浅谈宁波"海上丝绸之路"历史发展与分期［C］. 宁波与"海上丝绸之路"国际学术研讨会论文集，［出版地不详］：科学出版社，2005：48 - 58.

［167］周庆云. 南浔志［M］. 刻本.［出版地不详］：［出版者不详］，1992（民国十一年）.

［168］Elvin M. Market towns and waterways：The county of Shang-hai from 1840 to 1910［M］// Skinner G W. The city in late imperial China. Palo Alto：Stanford University Press，1977.

［169］王佃利，史越. 跨域治理视角下的中国式流域治理［J］. 新视野，2013(5)：51 - 54.

［170］杨爱平，陈瑞莲. 从"行政区行政"到"区域公共管理"：政府治理形态嬗变的

一种比较分析[J].江西社会科学，2004(11)：23-31.

[171] 杨宇泽，叶林.我国跨域治理发展的演进、局限与路径[J].城市管理研究，2019(00)：47-61.

[172] 叶超，赵江南，张清源，等.跨界治理的理论重构：以长江三角洲地区为例[J].地理科学，2022，42(3)：363-372.

[173] 高俊峰.跨域治理与区域协同："一带一路"建设的时代审视[J].理论研究，2016(2)：74-80.

[174] 刘吉发，袁春潮.跨域治理与区域协同：丝绸之路文化产业带建设的时代审视[J].人文杂志，2015(7)：42-48.

[175] 张立国.区域协同与跨域治理："一带一路"中的边疆非传统安全治理[J].广西民族研究，2016(4)：43-49.

[176] 全球治理委员会.我们的全球伙伴关系[M].纽约：牛津大学出版社，1995.

[177] Snider C F. County and township government in 1935—1936 [J]. American Political Science Review, 1937, 31(5)：884-913.

[178] Organisation for Economic Co-operation and Development. Local Partnerships for Better Governance[M]. Paris：OECD Publishing, 2001.

[179] 戴维·卡梅伦，张大川.政府间关系的几种结构[J].国际社会科学杂志(中文版)，2002(1)：107-113，7.

[180] 亨利.公共行政与公共事务(第十版·中文修订版)[M].孙迎春，译.北京：中国人民大学出版社，2017.

[181] Mandell M P. Intergovernmental management in Interorganizational Networks：A revised perspective[J]. International Journal of Public Administration, 1988, 11(4)：393-416.

[182] Pollitt C. Joined-up government：A survey[J]. Political Studies Review, 2003, 1 (1)：34-49.

[183] Sullivan H, Skelcher C. Working across boundaries：Collaboration in public services [J]. Health & Social Care in the Community, 2003, 11 (2)：185.

[184] 戈德史密斯，埃格斯.网络化治理：公共部门的新形态[M].孙迎春，译.北京：北京大学出版社，2008.

[185] 唐军，靳玉茜.构建京津冀政府协同机制[J].前线，2017(12)：89-91.

[186] 戈特曼，李浩，陈晓燕. 大城市连绵区：美国东北海岸的城市化[J]. 国际城市规划，2007(5)：2-7.

[187] 曹海军，霍伟桦. 城市治理理论的范式转换及其对中国的启示[J]. 中国行政管理，2013(7)：94-99.

[188] 李长晏. 区域发展与跨域治理理论与实务[M]. 台北：元照出版有限公司，2012.

[189] 杨开忠，孙瑜康. 区域协同治理理论研究[M]//叶堂林，等. 京津冀发展报告(2020)：区域协同治理. 北京：社会科学文献出版社，2020.

[190] Parks R B, Oakerson R J. Metropolitan organization and governance：A local public economy approach[J]. Urban Affairs Quarterly，1989，25(1)：18-29.

[191] 曹海军. 新区域主义视野下京津冀协同治理及其制度创新[J]. 天津社会科学，2015(2)：68-74.

[192] 林水波，李长晏. 跨域治理[M]. 台北：五南图书出版股份有限公司，2005.

[193] 李长晏，詹立炜. 跨域治理的理论与策略途径之初探[J]. 中国地方自治，2004，57(3)：4-31.

[194] 李文星，蒋瑛. 简论我国地方政府间的跨区域合作治理[J]. 西南民族大学学报(人文社科版)，2005(1)：259-262.

[195] 杨逢珉，孙定东. 欧盟区域治理的制度安排：兼论对长三角区域合作的启示[J]. 世界经济研究，2007(5)：82-85，88.

[196] 何磊. 京津冀跨区域治理的模式选择与机制设计[J]. 中共天津市委党校学报，2015(6)：86-91.

[197] 王欣. 京津冀协同治理研究：模式选择、治理架构、治理机制和社会参与[J]. 城市与环境研究，2017(2)：16-33.

[198] 杨爱平，林振群. 世界三大湾区的跨域治理机构：模式分类与比较分析[J]. 公共行政评论，2020，13(2)：40-57，194-195.

[199] 叶林，李萌，杨宇泽. 粤港澳大湾区跨域治理机制探索：基于国际三大湾区的比较研究[J]. 公共治理研究，2023，35(1)：24-29.

[200] 李广斌，王勇. 长江三角洲跨域治理的路径及其深化[J]. 经济问题探索，2009(5)：16-22.

[201] 殷存毅，夏能礼. "放权"或"分权"：我国央——地关系初论[J]. 公共管理评

论,2012,12(1):23-42.

[202] 周绍杰,王有强,殷存毅. 区域经济协调发展:功能界定与机制分析[J]. 清华大学学报(哲学社会科学版),2010,25(2):141-148,161.

[203] 宋迎昌. 美国的大都市区管治模式及其经验借鉴:以洛杉矶、华盛顿、路易斯维尔为例[J]. 城市规划,2004(5):86-89,92.

[204] 奥尔森. 集体行动的逻辑[M]. 陈郁,郭宇峰,李崇新,译. 上海:上海人民出版社,1995.

[205] 赵鼎新. 集体行动、搭便车理论与形式社会学方法[J]. 社会学研究,2006(1):1-21,243.

[206] 王兴平. 都市区化:中国城市化的新阶段[J]. 城市规划汇刊,2002(4):56-59,80.

[207] 吴启焰. 城市密集区空间结构特征及演变机制:从城市群到大都市带[J]. 人文地理,1999(1):15-20.

[208] 邓志阳. 大珠三角城市群经济圈区域化行政资源的整合[J]. 南方经济,2004(2):55-58.

[209] 花建. 论文化产业与旅游联动发展的五大模式[J]. 东岳论丛,2011,32(4):98-102.

[210] 中华人民共和国中央人民政府. 国务院关于推进文化创意和设计服务与相关产业融合发展的若干意见[EB/OL]. (2014-03-14)[2023-01-22]. http://www. gov. cn/zhengce/content/2014-03/14/content_8713. htm.

[211] 谢雨婷,克里斯蒂安·诺尔夫,弗洛伦斯·范诺贝克. 长江三角洲水管理与空间规划的整合:历史回顾与展望[J]. 风景园林,2022,29(2):39-45.

[212] 杜春兰,钱嘉骏. 太湖流域圩区河道污染综合治理研究[J]. 环境与发展,2017,29(4):94-95,97.

[213] 侯学会,徐洪彪,李新华,等. 近35年南四湖水域面积动态变化及驱动力分析[J]. 山东农业科学,2021,53(6):127-132.

[214] 阮仪三,朱晓明,王建波. 运河踏察:大运河江苏、山东段历史城镇遗产调研初探[J]. 同济大学学报(社会科学版),2007,18(1):38-42,54.

[215] 妥学进. 非物质文化遗产领域协同立法模式探究[J]. 文化遗产,2022(5):27-35.

附录1 大运河（鲁苏浙段）特色历史城镇登录

省	市	市、区、县	镇（街道）	村（社区）
山东省	济宁市	邹城市		
		任城区		
		鱼台县		
		嘉祥县		
		金乡县		
		兖州区		
		汶上县	南旺镇	柳林闸村（群）、南旺村（群）
		微山县	南阳镇	南阳村、建闸村
			鲁桥镇	
			韩庄镇	前（后）朱姬庄村
			夏镇街道	杨闸村
			欢城镇	宋闸村、常口南（北）村、时王口村、裴口村
			昭阳街道	三孔桥社区
			留庄镇	马口一村、满口村、王口村
			傅村街道	小三河口村
	枣庄市	薛城区		
		滕州市		
		峄城区		
		台儿庄区		

省	市	市、区、县	镇(街道)	村(社区)
江苏省	徐州市	丰县	梁寨镇	
		沛县	沛城街道	
		睢宁县	古邳镇	
		铜山区	房村镇	
			利国镇	
		云龙区	彭城街道	
		邳州市	土山镇	
			新河镇	猫儿窝
		新沂市	窑湾镇	
		泉山区		
		鼓楼区		
		贾汪区		
	宿迁市	宿豫区	皂河镇	王营村
		宿城区	洋河镇	
		泗洪县		
		沭阳县		
	淮安市	淮阴区	马头镇	
		洪泽区	蒋坝镇	
			老子山镇	
		淮安区	河下街道	
			平桥镇	
			淮城镇	板闸村
		清江浦区		
		金湖县		
		涟水县		
		盱眙县		

附录1 大运河(鲁苏浙段)特色历史城镇登录

省	市	市、区、县	镇（街道）	村（社区）
江苏省	扬州市	江都区	邵伯镇	
			大桥镇	
			樊川镇	
			宜陵镇	
			仙女镇	
			丁沟镇	
		广陵区	湾头镇	
			东关街道	
		邗江区	瓜洲镇	
		宝应县	射阳湖镇	
			泾河镇	
			安宜镇	
			氾水镇	
		高邮市	临泽镇	
			界首镇	
			龙虬镇	
			车逻镇	
			高邮街道	
			马棚街道	
		仪征市	十二圩街道办事处	
			青山镇	
	镇江市	丹徒区	宝堰镇	
			辛丰镇	
		丹阳市	延陵镇	
			陵口镇	
			吕城镇	
		润州区		
		京口区		
		扬中市		
		句容市	宝华镇	苍头村

省	市	市、区、县	镇（街道）	村（社区）
江苏省	常州市	新北区	孟河镇	
			奔牛镇	
		天宁区	天宁街道	
		溧阳市		
		武进区		
		金坛区		
		钟楼区		
		新北区		
	无锡市	锡山区	鹅湖镇	荡口古镇
			安镇街道	
			东亭街道	
		新吴区	梅村街道	
		滨湖区	太湖街道	周新古镇
		江阴市	长泾镇	
			云亭街道	
			华士镇	
			青阳镇	
			璜土镇	利城村
			月城镇	
		宜兴市	周铁镇	
			丁蜀镇	
		惠山区		
		梁溪区		
	苏州市	吴中区	甪直镇	
			木渎镇	
			东山镇	
			光福镇	
			金庭镇	

省	市	市、区、县	镇（街道）	村（社区）
江苏省	苏州市	昆山市	周庄镇	
			千灯镇	
			巴城镇	正仪古镇
			锦溪镇	
		吴江区	同里镇	
			震泽镇	
			盛泽镇	黄家溪村
			汾湖镇	
			平望镇	
			桃源镇	
			八坼街道	
		姑苏区	虎丘街道	
			唯亭街道	
		虎丘区	枫桥街道	
			浒墅关镇	
		相城区	望亭镇	
			黄埭镇	
			元和街道	陆慕老街
		太仓市	沙溪镇	岳王镇并入
			璜泾镇	
			浏河镇	
			浮桥镇	茜泾社区
		常熟市	古里镇	
			沙家浜镇	唐市古镇
			梅李镇	
		张家港市	凤凰镇	

省	市	市、区、县	镇（街道）	村（社区）
江苏省	南京市	高淳区	淳溪镇	
		建邺区	莫愁湖街道	茶亭东街
			兴隆街道	
		鼓楼区	建宁路街道	金川门外街
		栖霞区	龙潭街道	
		溧水区		
		鼓楼区		
		雨花台区		
		秦淮区		
		玄武区		
		江宁区		
	连云港	海州区	板浦镇	
			墟沟街道	
		赣榆区	海头镇	朱蓬口
			青口镇	
		东海县		
		连云区		
		灌云县		
		灌南县		
	泰州市	姜堰区	溱潼镇	
		兴化市	沙沟镇	
			安丰镇	
		泰兴市	黄桥镇	
			广陵镇	
		靖江市		
		海陵区		
		高港区		

附录 1　大运河（鲁苏浙段）特色历史城镇登录

省	市	市、区、县	镇（街道）	村（社区）
江苏省	南通市	海门区	余东镇	
		如东县	栟茶镇	
		如皋市	白蒲镇	
		海安市	角斜镇	
			白甸镇	
			墩头镇	
			曲塘镇	
		通州区		
		崇川区	竹行街道	
	盐城市	东台市	东台镇	西溪古镇
			安丰镇	
			富安镇	
			时堰镇	
		亭湖区	伍佑街道	
			新兴镇	
			便仓镇	
		大丰区	白驹镇	
			草堰镇	
			刘庄镇	
			小海镇	
		盐都区	龙冈镇	
		阜宁县	东沟镇	
		建湖县		
浙江省	嘉兴市	海宁市	长安镇	
			盐官镇	郭店村
			丁桥镇	
			硖石街道	

省	市	市、区、县	镇(街道)	村(社区)
浙江省	嘉兴市	桐乡市	乌镇镇	炉头镇、皂林村
			濮院镇	
			石门镇	
			屠甸镇	
		秀洲区	王江泾镇	
			新塍镇陡门镇	
			王店镇	
		南湖区	新丰镇	
			澉浦镇	
		平湖市	乍浦镇	
		嘉善县	陶庄镇	
		海盐县	沈荡镇	
	湖州市	德清县	新市镇	
		南浔区	南浔镇	
			菱湖镇	
			双林镇	
			善琏镇	
			练市镇	
		吴兴区	埭溪镇	
	杭州市	滨江区	西兴街道	
		萧山区	临浦镇	
			衙前街道	
		余杭区	仁和街道	
		临平区	塘栖镇	
			临平街道	
		上城区	笕桥街道	
		下城区		

附录 1 大运河(鲁苏浙段)特色历史城镇登录

省	市	市、区、县	镇（街道）	村（社区）
浙江省	杭州市	江干区		
		临安区	河桥镇	
		拱墅区	湖墅街道	
			天水街道	
		富阳区		
		西湖区		
	绍兴市	上虞区	曹娥街道	蒿坝村
			东关街道	
			百官街道	
			梁湖街道	
			谢塘镇	
			驿亭镇	五夫村
			丰惠镇	
		越城区	东浦镇	
		柯桥区	柯桥街道	
			柯岩街道	项里村、阮社社区
			钱清街道	
			湖塘街道	
			迪荡街道	
			平水镇	
			安昌镇	
		诸暨市	枫桥镇	
			店口镇	三江口村
		嵊州市	三界镇	
	宁波市	江北区	慈城镇	前洋村
		余姚市	马渚镇	
			陆埠镇	
			大隐镇	

省	市	市、区、县	镇（街道）	村（社区）
浙江省	宁波市	余姚市	丈亭镇	渔溪村
			河姆渡镇	车厩村
			三七市镇	
		奉化区	莼湖镇	鲒埼村
			萧王庙街道	
			西坞街道	白杜村
			溪口镇	公棠村
		镇海区	九龙湖镇	
		北仑区	白峰镇	郭巨街道
		宁海县		
		鄞州区	东吴镇	
		慈溪市	桥头镇	上林湖村
			横河镇	彭桥村
			观海卫镇	鸣鹤古镇
			逍林镇	
			新浦镇	
			坎墩街道	
		海曙区	鄞江镇	
			横街镇	林村、凤岙村
			古林镇	
			高桥镇	大西坝村
			白云街道	
			江厦街道	
		象山县	丹东（西）街道	
			爵溪街道	爵溪农村
			石浦镇	
合计	20	140	217	55

附录2　大运河（鲁苏浙段）特色历史城镇代表性文化遗产名单

省	市	文化遗产类别	代表性文化遗产名录
山东省	枣庄市	物质文化遗产	中陈郝窑址、偪阳故城、台儿庄大战旧址、建新遗址、前掌大遗址、龙泉塔、中兴煤矿公司旧址
		非物质文化遗产	柳琴戏
	济宁市	物质文化遗产	嘉祥武氏墓群石刻、崇觉寺铁塔、萧王庄墓群、济宁东大寺、野店遗址、西吴寺遗址、金口坝、重兴塔、太子灵踪塔、兴隆塔、伏羲庙、光善寺塔、慈孝兼完坊、青山寺、兖州天主教堂
		非物质文化遗产	梁祝传说、中医传统制剂方法（二仙膏制作技艺）、阴阳板梅花拳（梁山梅花拳）
江苏省	无锡市	物质文化遗产	寄畅园、薛福成故居建筑群、荣氏梅园、惠山镇祠堂、天下第二泉庭院及石刻、阿炳故居、东林书院、泰伯庙和墓、昭嗣堂、鸿山墓群、西溪遗址、佘城遗址、阖闾城遗址、大窑路窑群遗址、蜀山窑群、兴国寺塔、周王庙及碑刻、适园、惠山寺经幢、黄山炮台旧址、小娄巷建筑群、刘氏兄弟故居、无锡县商会旧址、秦邦宪旧居、茂新面粉厂旧址、国民党江阴要塞司令部旧址、荡口华氏老义庄
		非物质文化遗产	吴歌、道教音乐（无锡道教音乐）、锡剧、苏绣（无锡精微绣）、竹刻（无锡留青竹刻）、泥塑（惠山泥人）、庙会（泰伯庙会）
	苏州市	物质文化遗产	苏州云岩寺塔、留园、苏州文庙内宋代石刻、太平天国忠王府、拙政园、玄妙观三清殿、环秀山庄、瑞光塔、罗汉院双塔及正殿遗址、耦园、宝带桥、轩辕宫正殿、东山民居、紫金庵罗汉塑像、春在楼、寂鉴寺石殿、艺圃、盘门、俞樾旧居、报恩寺塔、沧浪亭、狮子林、全晋会馆、草鞋山遗址、东山村遗址、赵陵山遗址、黄泗浦遗址、太仓运河仓遗址、顾炎武墓及故居、甲辰巷砖塔、思本桥、东庙桥、聚沙塔、万佛石塔、开元寺无梁殿、玉燕堂、秦峰塔、慈云寺塔、浏河天妃宫遗迹、苏州织造署旧址、卫道观前潘宅、杨氏宅第、燕园、敬业堂、先蚕祠、耕乐堂、东吴大学旧址、天香小筑、垂虹断桥

省	市	文化遗产类别	代表性文化遗产名录
江苏省	苏州市	非物质文化遗产	宝卷(吴地宝卷)、吴歌、苏州玄妙观道教音乐、苏剧、滑稽戏、苏州评弹(苏州评话、苏州弹词)、桃花坞木版年画、苏绣、泥塑(苏州泥塑)、灯彩(苏州灯彩)、玉雕(苏州玉雕)、核雕(光福核雕)、盆景技艺(苏派盆景技艺)、宋锦织造技艺、苏州缂丝织造技艺、香山帮传统建筑营造技艺、苏州御窑金砖制作技艺、明式家具制作技艺、制扇技艺、剧装戏具制作技艺、民族乐器制作技艺(苏州民族乐器制作技艺)、装裱修复技艺(苏州书画装裱修复技艺)、绿茶制作技艺(碧螺春制作技艺)、国画颜料制作技艺(姜思序堂国画颜料制作技艺)、中医传统制剂方法(雷允上六神丸制作技艺)、端午节(苏州端午习俗)、苏州甪直水乡妇女服饰、庙会(苏州轧神仙庙会)、庙会(圣堂庙会)
	淮安市	物质文化遗产	周恩来故居、洪泽湖大堤、淮安府衙、苏皖边区政府旧址、青莲岗遗址、泗州城遗址、文通塔、月塔、第一山题刻、淮安中共中央华中分局旧址
		非物质文化遗产	十番音乐(楚州十番锣鼓)、京剧、淮剧、淮海戏、南闸民歌
	扬州市	物质文化遗产	个园、何园、扬州城遗址、普哈丁墓、扬州大明寺、莲花桥和白塔、小盘谷、朱自清旧居、吴氏宅第、庙山汉墓、史可法墓祠、汪氏盐商住宅、贾氏盐商住宅、卢氏盐商住宅、逸圃、扬州重宁寺、汪氏小苑、隋炀帝墓、西方寺大殿、仙鹤寺
		非物质文化遗产	古琴艺术(广陵琴派)、扬剧、木偶戏(杖头木偶戏)、扬州评话、扬州清曲、扬州弹词、剪纸(扬州剪纸)、苏绣(扬州刺绣)、扬州玉雕、盆景技艺(扬派盆景技艺)、扬州漆器髹饰技艺、雕版印刷技艺、茶点制作技艺(富春茶点制作技艺)、传统造园技艺(扬州园林营造技艺)、中医诊疗法(扬州传统修脚术)、脂粉制作技艺(谢馥春脂粉制作技艺)
	常州市	物质文化遗产	瞿秋白故居、张太雷旧居、中华曙猿化石地点、阖闾城遗址、金坛土墩墓群、近园、新四军江南指挥部旧址、寺墩遗址、常州唐氏民宅
		非物质文化遗产	吟诵调(常州吟诵)、佛教音乐(天宁寺梵呗唱诵)、锡剧小热昏、象牙雕刻(常州象牙浅刻)、竹刻(常州留青竹刻)、常州梳篦、苏绣(常州乱针绣)
	南通市	物质文化遗产	南通博物苑、南通天宁寺、广教禅寺、如皋公立简易师范学堂旧址、韩公馆、通崇海泰总商会大楼
		非物质文化遗产	古琴艺术(梅庵琴派)、苏绣(南通仿真绣)、南通蓝印花布印染技艺、风筝制作技艺(南通板鹞风筝)、传统棉纺织技艺(南通色织土布技艺)、中医传统制剂方法(季德胜蛇药制作技艺)、中医传统制剂方法(王氏保赤丸制作技艺)、地毯织造技艺(如皋丝毯织造技艺)

省	市	文化遗产类别	代表性文化遗产名录
江苏省	盐城市	物质文化遗产	新四军重建军部旧址
		非物质文化遗产	淮剧、发绣（东台发绣）、瓷刻（大丰瓷刻）
	连云港市	物质文化遗产	将军崖岩画、孔望山摩崖造像、藤花落遗址、海清寺塔、曲阳城遗址、尹湾汉墓、东连岛东海琅琊郡界域刻石、郁林观石刻群
		非物质文化遗产	海盐制作技艺、盐河的传说、盐场民谣、淮北盐民风俗、海州五大宫调
	宿迁市	物质文化遗产	晓店青墩遗址、三庄墓群、洋河地下酒窖
		非物质文化遗产	苏北大鼓、蒸馏酒传统酿造技艺（洋河酒酿造技艺）
	镇江市	物质文化遗产	焦山碑林、镇江英国领事馆旧址、昭关石塔、城上村遗址、葛城遗址、铁瓮城遗址、宋元粮仓遗址、春城土墩墓群、烟墩山墓地、甘露寺铁塔、隆昌寺
		非物质文化遗产	《白蛇传》传说、古琴艺术（梅庵琴派）、佛教音乐（金山寺水陆法会仪式音乐）、扬剧、镇江恒顺香醋酿制技艺
	南京市	物质文化遗产	明孝陵、中山陵、太平天国天王府遗址、堂子街太平天国壁画、南京城墙、南京南朝陵墓石刻、雨花台烈士陵园、栖霞寺舍利塔、中国共产党代表团办事处旧址（梅园新村）、国立紫金山天文台旧址、千佛崖石窟及明征君碑、浡泥国王墓、原国民政府旧址、侵华日军南京大屠杀死难同胞丛葬地、龙江船厂遗址、金陵女子大学旧址、金陵大学旧址、象山王氏家族墓地、甘熙宅第、瞻园、国民大会堂旧址、中央大学旧址、明故宫遗址、钟山建筑遗址、中央体育场旧址、南京猿人化石地点、薛城遗址、固城遗址、大报恩寺遗址、上坊孙吴墓、仙鹤观六朝墓地、七桥瓮、蒲塘桥、朝天宫、杨柳村古建筑群、阳山碑材、金陵刻经处、金陵兵工厂旧址、浦口火车站旧址、孙中山临时大总统府及南京国民政府建筑遗存、北极阁气象台旧址、中央陆军军官学校旧址、励志社旧址、国民政府中央广播电台旧址、国立中央研究院旧址、拉贝旧居、美国驻华使馆旧址、英国驻华使馆旧址、南京鼓楼、马林医院旧址、日本驻南京大使馆旧址、国立美术陈列馆旧址、侵华日军南京利济巷慰安所旧址、八路军驻南京办事处旧址
		非物质文化遗产	古琴艺术（金陵琴派）、南京白局、剪纸（南京剪纸）、南京云锦木机妆花手工织造技艺、南京金箔锻制技艺、金陵刻经印刷技艺、金银细工制作技艺、中医诊疗法（丁氏痔科医术）、秦淮灯会、绿茶制作技艺（雨花茶制作技艺）、素食制作技艺（绿柳居素食烹制技艺）

省	市	文化遗产类别	代表性文化遗产名录
江苏省	徐州市	物质文化遗产	汉楚王墓群、徐州墓群、户部山古建筑群、刘林遗址、梁王城遗址
		非物质文化遗产	唢呐艺术(徐州鼓吹乐)、柳琴戏、徐州梆子、徐州琴书、剪纸(徐州剪纸)、香包(徐州香包)、糖塑(丰县糖人贡)、徐州伏羊食俗
	泰州市	物质文化遗产	泰州城隍庙、人民海军诞生地、日涉园、学政试院、上池斋药店、黄桥战斗旧址
		非物质文化遗产	淮剧、盆景技艺(扬派盆景技艺)、泰兴花鼓、摺石锁(海陵摺石锁)
浙江省	杭州市	物质文化遗产	六和塔、岳飞墓、飞来峰造像、闸口白塔、胡庆余堂、西泠印社、文澜阁、梵天寺经幢、宝成寺麻曷葛剌造像、临安城遗址、凤凰寺、章太炎故居、之江大学旧址、于谦墓、钱塘江大桥、笕桥中央航校旧址、跨湖桥遗址、郊坛下和老虎洞窑址、茅湾里窑址、马寅初故居、乌龟山遗址、小古城遗址、泗洲造纸作坊遗址、天目窑遗址、灵隐寺石塔和经幢、保俶塔、西山桥、普庆寺石塔、新叶村乡土建筑、龙兴寺经幢、南山造像、仓前粮仓、浙江兴业银行旧址、西湖十景、鲤鱼山—老虎岭水坝遗址、杭州忠义桥、杭州孔庙碑林、求是书院旧址、浙江图书馆旧址、仁爱医院旧址、第一届西湖博览会工业馆旧址、五四宪法起草地旧址
		非物质文化遗产	《白蛇传》传说、《梁祝》传说、西湖传说、苏东坡传说、古琴艺术(浙派)、江南丝竹、十番音乐(楼塔细十番)、余杭滚灯、摊簧(杭州摊簧)、小热昏、杭州评词、杭州评话、独脚戏、武林调、翻九楼、十八般武艺、金石篆刻(西泠印社)、张小泉剪刀锻制技艺、木版水印技艺、雕版印刷技艺(杭州雕版印刷技艺)、制扇技艺(王星记扇)、蚕丝织造技艺(余杭清水丝绵制作技艺)、蚕丝织造技艺(杭罗织造技艺)、蚕丝织造技艺(杭州织锦技艺)、铜雕技艺、伞制作技艺(西湖绸伞)、绿茶制作技艺(西湖龙井)、越窑青瓷烧制技艺、中式服装制作技艺(振兴祥中式服装制作技艺)、中医传统制剂方法(朱养心传统膏药制作技艺)、中医传统制剂方法(方回春堂传统膏方制作技艺)、胡庆余堂中药文化、端午节(五常龙舟胜会)、端午节(蒋村龙舟胜会)、元宵节(河上龙灯胜会)、径山茶宴、花边制作夜乞(苍山花流制作技艺)、严东关五加皮酿酒技艺、农历二十四节气(半山立夏习俗)、传统中医药文化(桐君传统中医药文化)

省	市	文化遗产类别	代表性文化遗产名录
浙江省	绍兴市	物质文化遗产	古纤道、秋瑾故居、鲁迅故居、大禹陵、印山越国王陵、吕府、蔡元培故居、八字桥、大通学堂和徐锡麟故居、青藤书屋和徐渭墓、富盛窑址、王守仁故居和墓、小黄山遗址、凤凰山窑址群、绍兴越国贵族墓群、宋六陵、东化成寺塔、狭猼湖避塘、华堂王氏宗祠、兰亭、舜王庙、大佛寺石弥勒像和千佛岩造像、柯岩造像及摩崖题刻、春晖中学旧址、曹娥庙、绍兴大善寺塔、汉建初元年买地刻石
		非物质文化遗产	徐文长故事童谣(绍兴童谣)、王羲之传说目连戏(绍兴目连戏)、绍剧、绍兴平湖调摊簧(绍兴摊簧)、绍兴莲花落、绍兴词调、绍兴宣卷、调吊、绍兴黄酒酿制技艺、石桥营造技艺、大禹祭典水乡社戏庙会(绍兴舜王庙会)、中医诊疗法(绍派伤寒)
	嘉兴市	物质文化遗产	马家浜遗址、南河浜遗址、庄桥坟遗址、新地里遗址、长安画像石墓、吴镇墓、陈阁老宅、惠力寺经幢、乍浦炮台、嘉兴文生修道院与天主堂、嘉兴子城遗址、沈钧儒故居、王店粮仓群
		非物质文化遗产	掼牛、嘉兴灶头画、五芳斋粽子制作技艺、端午节(嘉兴端午习俗)、网船会
	湖州市	物质文化遗产	飞英塔、下菰城遗址、嘉业堂藏书楼及小莲庄、南浔张氏旧宅建筑群、陈英士墓、钱山漾遗址、毘山遗址、德清原始瓷窑址、赵孟頫墓、潘公桥及潘孝墓、双林三桥、尊德堂、湖州潮音桥、道场山祈年题记、太湖溇港
		非物质文化遗产	湖剧、湖笔制作技艺、蚕丝织造技艺(双林绫绢织造技艺)、蚕丝织造技艺(辑里湖丝手工制作技艺)、三跳(湖州三跳)
	宁波市	物质文化遗产	保国寺、天一阁、镇海口海防遗址、庆安会馆、宁波天宁寺、白云庄和黄宗羲、万斯同、全祖望墓、慈城古建筑群、永丰库遗址、钱业会馆、江北天主教堂、阿育王寺、天童寺、田螺山遗址、鲻山遗址、塔山遗址、花岙兵营遗址、二灵塔、林宅、锦堂学校旧址、南渡广济桥
		非物质文化遗产	《梁祝》传说、甬剧、四明南词、宁波走书、宁波朱金漆木雕、镶嵌(骨木镶嵌)、宁波金银彩绣、中医诊疗法(董氏儿科医术)、竹根雕(象山竹根雕)、装裱修复技艺(天一阁古籍修复技艺)、中式服装制作技艺(红帮裁缝技艺)